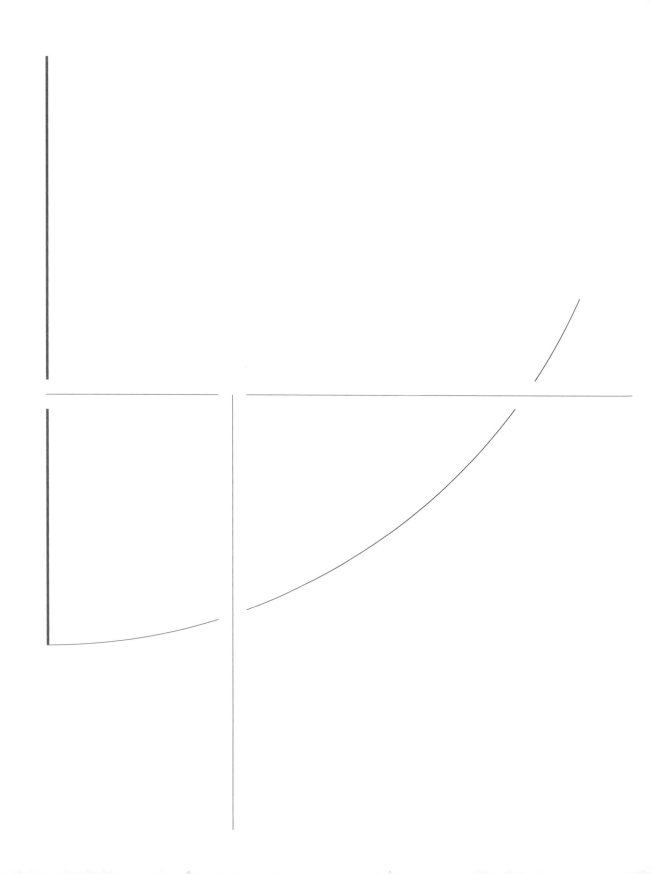

餐飲開店。
體驗設計學

首席餐飲設計顧問親授
品牌創建與系統化開店戰略

FOOD AND
BEVERAGE
EXPERIENCE
DESIGN

善果餐飲國際創辦人
嚴心鏞

在我近 40 年的工作經驗中,歸納出一個經驗法則:你在乎什麼,通常就會得到什麼樣的結果。

在台灣,餐飲服務業的基層從業人員因高工時及低薪,苦於為生計奔波,多半對未來感到茫然,而其中許多是來自偏鄉的年輕人。在我參與嚴長壽先生的偏鄉教育計劃、幫助弱勢孩子的過程裡,促使我思考能為這些孩子做些什麼,我從自己的專長和能力開始思考,如何給這些年輕人一個從工作改變人生的機會,或許能從餐飲切入創辦社會企業,是不是有可能:
在台灣有一個品牌能做到堅持用好食材做健康的餐飲料理;
在台灣有一家公司能做到照顧同仁、感動客人的真心服務;
在台灣有一家企業能做到幫助年輕人達到創業發展的目標。

2012 年的穗科手打烏龍麵,便是在這樣的信念下成立,以健康、孝順、專業、正向、助人這 5 個原則為核心價值,同時貫徹餐飲管理、企業管理、品牌行銷、供應鏈管理等這些商業操作模式,差別在於換一種思維操作,所有的工作人員都是夥伴,從對夥伴好、感動他們,夥伴開始感動至親與身邊的人,進而感動所服務的每一位顧客,讓每個起心動念都是一個善果,而成為一個正向的迴圈。

「感動服務」是我一直以來秉持的信念,發自內心的替對方著想,願意付出服務感動別人,賺錢是自然產生的結果之一;反之如果只想著賺錢而百般計較,則會使你陷入經濟上與精神上的永遠貧窮。當你創造出感動人的產品,提供了感動人的服務,這些體驗自然會讓顧客留下深刻印象,並想與朋友分享,其實這與服務管理的理論並無不同,差別只在是發自內心的真誠或是純粹遵守 SOP 的操作,透過產品、空間、服務、體驗等傳達給顧客,同時也形塑企業與品牌的文化。

對於餐廳空間的設計,我的想法是要:停得下,進得來;買得下,下次來。一個好餐廳的設計,並不是設計出設計師或業主想要的樣子,而應該是顧客想要的樣子。最怕不願花時間了解餐廳本質的設計師,只想著天馬行空發揮創意,忽略了應該列為最重點的品牌核心價值。家皓做為一個專業的餐飲設計師,能從市場的角度給予業主中肯的建議,並時時回到餐廳的核心價值檢視設計成果,並將這些經驗與知識出版成書,讓想踏入餐飲服務業的人,多了一本值得參考的好書。

從很多方面來說，家皓都不算是一個「正常」的設計師；而無論從媒體或編輯所主張與涉獵的角度來說，《GQ》與我本人的「不正常」程度，也稱得上業界知名。

於是當那個多年前的夏天，我因為剛創刊，率先在台灣試著談起「風格創業學」的《GQ Business》採訪而走進直學設計工作室，立刻就發現，這個超不正常的設計師，一定會做出很多有趣的事；只不過那時的我萬萬沒想到，居然還有「暢銷書作家」這一項（笑）。

家皓的「不正常」展現在很多地方，在那個成為豪宅設計師才能成名的年代，他選擇了商業空間做為主要領域；在大多數人認為設計大型商場、主流平庸的連鎖店才有可能賺錢的年代，他選擇了面對風格餐飲創業小老闆們，最後甚至連做起餐飲創業顧問。他選擇了一條不是很平常的路，一路搜集奇怪的夥伴們，一路走到這裡。

餐飲創業，甚至「風格餐飲創業」在 2019 年的今天儼然已是門顯學。因為在這個資訊史無前例爆炸的年代，一家新店或一個新品牌，已不再可能單純只靠優質內容存活；對全新的網路世代，同時也是未來最重要的消費主力來說，在網路上看不見，就等於不存在；在社群中不明顯，就代表已被遺忘。

因此恰當的「設計」，幾乎成為當代成功品牌的唯一解法。

不過這裡所說的設計，絕不是在門口裝置打卡牆、拼貼流行到泛濫的圖案元素，或是彷彿制服般的「ＸＸ風」這一類蒼白淺薄的等級；而是從品牌核心精神、視覺、空間配置、營運、服務到顧客體驗，全面且精心的商業空間設計，它不是錦上添花、有閒錢才需要做的奢侈品；它是對一個品牌如空氣般存在的生活必需品。

只有清楚認知到這一點，然後我們才能真正有機會開始談「風格」，這個看似簡單卻遙遠的大哉問，也是《GQ》面對生活產業，近年不斷探討與辯證的重要關鍵字。

而風格之於餐飲創業，就如同小小的台灣之於當代世界，它不必多、不必大，只要做對事情、選對方向，就有機會更輕盈漂亮地面向全世界。

歡迎進入家皓的體驗設計世界，如果你正在創業路上，這是一本能給你許多意想不到答案的新一代工具書；如果你還沒出發，這本書可能正是讓你開始思考、重新定義夢想的起點。

餐飲最終的經營之道
是建立牢不可破的核心文化

2015 年 3 月出版《設計餐廳創業學》迄今，除了協助創業者創建品牌之外，到現在主要協助餐旅產業轉型或創新的業務，我體認到台灣企業對於品牌與設計極度陌生，因此有必要針對此議題，提供自己多年的經驗與分享解決的方案，進而為台灣品牌的創建之路盡一份心力。這些想法及理念其實不只適用於餐廳與旅館產業，對於有在經營實體空間的業者也相當有幫助。

此外，本書也希望提醒商業空間設計師，需觀察當代實體空間商業的劇烈改變，擺脫過去單純追求自我表現與作品優先的想法，充分了解整合餐飲業從開店到營運會遇到的實體與虛擬各種面向，並提供業主解決方案，這才是真正專業的商業空間設計。

餐點是餐飲品牌最重要的核心價值。

台灣餐飲品牌常見問題

隨著餐飲創業越來越熱門，街道上及百貨公司裡出現大量的餐飲品牌，導致台灣目前的餐飲產業競爭相當激烈。台灣的餐飲創業者大多已經跨越了建立企業系統與開發商品（菜色）的障礙，然而要開一家能撐過五年的餐廳，並且持續發展成為一個品牌，成功率卻很低。台灣餐飲創業門檻不高，卻鮮少看到持續經營幾十年的品牌，開店失敗的原因百百種，以下是我近幾年觀察創業者，分析出容易忽視的幾個重點：

一、傳統觀念過於關注產品本身的性價比

台灣過去以代工與貿易為主，導致大多數的台灣品牌，過度重視產品本身的**性價比**註1，認為做出性價比高的產品就是王道。但現在的消費者，已經不滿足於高性價比產品，而是追求完整的體驗，也就是在追求好產品的同時，也注重品牌、注重購買時的體驗、注重服務，在餐飲及旅館產業尤其明顯。許多傳統品牌不願意面對現在市場真正的需求，只依循過去成功的經驗，來面對消費者以及市場的挑戰。

註 1：性價比（英語：price-performance ratio，或譯價格效能）在日本稱作成本效益比（英語：cost-performance ratio），意指性能和價格的比例，俗稱 CP 值。在經濟學和工程學，性價比指的是一個產品根據它的價格所能提供之性能的能力。

「柚一鍋 a Pomelo's Hot Pot」顧客除了來餐廳享用各式鍋物料理外，也能選購品牌嚴選的柚子相關食品，提供更多服務。

二、錯把新奇有趣當作是產品的創新

創新的確是新創產業的核心價值，但許多新創品牌為了追求速成，而選擇拼湊過去的產品或只是改變包裝。所謂的新產品只是改良舊有的產品，再找平面設計師包裝成品牌，或是改裝室內空間創造話題，把新奇的設計當作是一種創新，再藉由行銷手法吸引顧客。這樣將設計作為附加品的方式，使得設計與產品本身無法有更深入的連結。在營運設計以及產品創新的面向無法持續進步之下，當話題熱度消退之後，品牌最常見的結果，就是在幾年後慢慢地失去活力。

三、不了解實體商業空間競爭激烈程度

實體商業空間近幾年隨著全球電子商務的蓬勃發展，再加上整體大環境不景氣的影響，餐旅產業景氣持續低迷。同時，隨著房地產熱潮降溫，在經濟不景氣中，餐飲與旅館業反而成為許多傳統大型商場與建商等積極投入的產業，商場持續開發導致市場競爭越來越激烈，以至於整個產業過熱，而台灣本身商業環境不夠國際化，過去倚賴的陸客來台比率也降低，接續的外國觀光客成長幅度不足，使得實體商業空間競爭激烈且獲利降低，過去餐飲業以及旅宿產業低門檻且容易創業成功的優勢已經逐漸消失。

企業打造品牌文化的歷程

目前市場上有太多過度追求快速成功的店家，然而如果參考國內外備受顧客喜愛、並經歷了數十載的經典餐廳，我們發現能長久經營的品牌都有以下這些特點：大多是已經建立了完整的品牌與文化，所有團隊成員都明白公司的經營哲學，並了解企業的品牌與文化。這些品牌最初可能是主打良心食材、或是致力於卓越服務、新的烹飪風格，他們不斷的在品牌的發展過程裡，補足自身企業不足之處，持續更新帶給顧客良好的產品或體驗，歷經多年發展以後，他們也許不夠新奇，但絕不會不落伍。

創業成功有可能是因為天時、地利甚至是人和，然而能夠繼續經營發展的店家，絕對不是建立在新奇有趣的花招之上，而是透過不斷的努力更新進化，並且持續地提供目標客群絕佳的體驗。創業最初都是從一家店，到一個品牌，看似簡單卻極其難做到，而品牌最終的經營之道，就是建立牢不可破的核心文化，企業變成品牌的過程就是打造自己的文化的歷程，這就是餐廳能經營長久的訣竅。

「上善豆家」主打良心食材，看的見的安心手作豆腐料理。

Content

目錄

跟著圖表 Step by step：
開店，流程全圖解

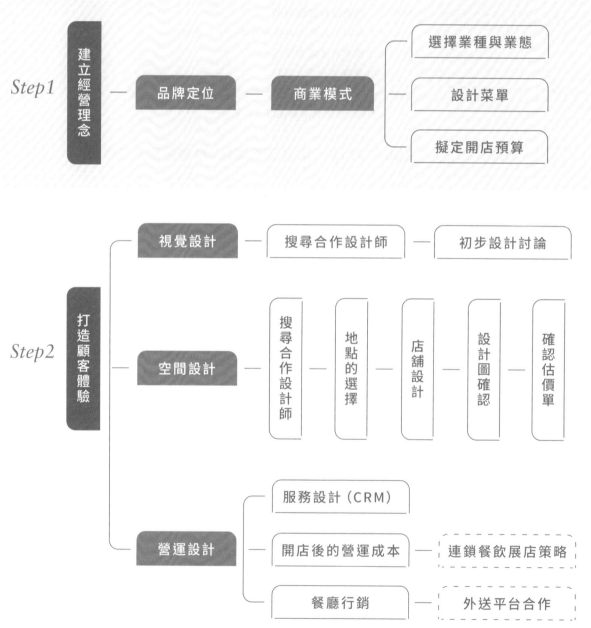

Step1

建立經營理念 — 品牌定位 — 商業模式

- 選擇業種與業態
- 設計菜單
- 擬定開店預算

Step2

打造顧客體驗

視覺設計 — 搜尋合作設計師 — 初步設計討論

空間設計 — 搜尋合作設計師 — 地點的選擇 — 店舖設計 — 設計圖確認 — 確認估價單

營運設計

- 服務設計（CRM）
- 開店後的營運成本 — 連鎖餐飲展店策略
- 餐廳行銷 — 外送平台合作

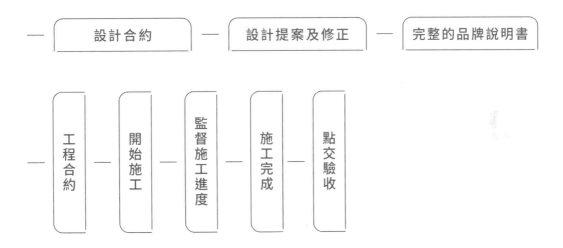

設計合約 — 設計提案及修正 — 完整的品牌說明書

工程合約 — 開始施工 — 監督施工進度 — 施工完成 — 點交驗收

Step.1
了解餐飲業現況：設計成為企業的助力

1-1 設計是企業打造品牌的最佳工具

在台灣自有品牌初創的年代，企業最終的價值就是要打造具有文化核心的品牌，而這本書，就是想要闡述如何從用設計建立起品牌的藍圖，打造出這個牢不可破的文化核心。

設計是創造品牌的必備要素

蔦屋書店創辦人增田宗昭在《知的資本論》裡所說：「只剩設計師得以存活，這就是答案。所有企業，都將成為由設計師集合而成的集團；不能改變的企業，在今後的商業界將無法成功。」隨著社會的進步，美學與設計已經融入當代生活之中，現代所有科學以及商業的面向都含有設計與計劃的成分在裡面。國外頂尖企業，例如亞馬遜、蘋果公司等等品牌，從原料的選擇、製造方法、平面設計、包裝設計、室內設計到品牌行銷等面向，都是經過精密設計且創新的商業模式，從商品本身的企劃、生產過程到行銷發展，早已經和設計密不可分。

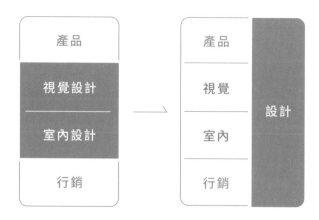

從產品本身到行銷一連串的過程都需要設計。

從產品、視覺、空間到行銷，都需要納入行銷思維，方能建構完整的餐飲品牌。

增田宗昭所揭示的未來企業面貌，是每個企業都必須擁有設計與企劃的人才，而不是可以用外包採購，這一個趨勢也是對設計本身產業的一大挑戰，所有的設計人才都必須了解品牌與營運的所有面向。

設計不是作為產品的附加價值

過去「設計用來加值」這個觀念深植人心，大部分台灣的企業都把品牌設計與空間設計當作一種噱頭，將設計視為加值的手段，並認為設計可以用採購、發包的方式來執行，找到性價比最高的設計，並將產品重新包裝美化，再提高售價賣給顧客增加利潤；而設計師的功用，就是幫企業找出最省錢的加值作法。然而基於設計加值的概念，許多產業在成本競價的壓力之下，導致設計師用最省錢的作法來執行，久而久之，導致有些設計師也誤以為設計著重在造型與流行性，這樣的結果往往無助於為企業設計出更好的產品，無法推動產業的進步，更產生如模仿與抄襲的業界常態。

設計師需要根據每個餐飲品牌核心價值為他們量身打造，透過空間、平面等形式將品牌理念傳達給顧客。

虛實合一的新消費市場

近幾年來因為商業活動的改變,常聽到一個名詞叫作「新零售」概念。最初是肇因於電子商務的快速發展,線上購物的方便性與功能性與時俱增,取代了許多商品購買的通路,尤其是以便宜及低價的產品為大宗,因此所有的品牌也無可避免的受到衝擊。

然而近幾年來電子商務並沒有如想像的銳不可擋,許多的商品與服務最終還是需要實境的體驗,尤其是餐飲與旅遊,幾乎不可能被電子商務取代,最終造成了所謂虛實整合的新零售概念。所謂新零售,是指企業以互聯網為依托,通過大數據、人工智慧等技術,對商品的生產、流通與銷售過程進行升級改造,並對線上服務、線下體驗以及現代物流進行深度融合,這樣的趨勢,其實很容易從現今的百貨公司發展看出脈絡,也因此許多百貨公司的餐飲櫃位比例,近幾年逐年升高,體驗型店面增加,零售店鋪總量減少。顧客對於商業空間的完整性要求更高,然而另一方面更顯現出實體店面可以帶來的更高的體驗價值,也需要更深化的服務,才能創造顧客非到實體店的動機和理由。

未來科技與飲食生活結合,不僅能提升營運及服務品質,也讓餐飲體驗更趨完整。

新消費市場的最佳整合者，空間設計師角色的轉變

空間設計師過去主要是實體環境的建造者，在這個虛擬與現實合一的新零售概念之下，過去在學校所學習的設計方法與工具，早就不合當代的商業環境，例如我們的設計教育裡缺乏服務設計、體驗設計與團隊合作的知識，以餐廳為例，當代的商業空間設計師至少需要具備以下幾點能力：

一、理解品牌的意義與方向

· 如何用空間傳遞品牌的價值
· 了解不同餐飲品牌行銷管道

二、體驗設計的概念

· 旅程地圖的使用及顧客的五感體驗
· 如何打造虛實合一的體驗

三、空間與視覺設計的整合營運設計及服務設計

· 了解店家的營運流程
· 訂位系統、顧客關係系統等各式各樣的技術
· 點餐方便、支付方便的流程設計
· 顧客關係管理系統

近年油品或是食安的問題，顯示當代台灣的餐飲產業正在一個重大的轉型期，過去餐飲業講求的是終端產品，要好吃、要性價比高，但鮮少去關心原料來源，或是食品的製作過程。然而隨著大眾對於食的安全與品質的要求，我們不得不正視隱藏在食物背後的問題，餐廳不應該只是提供美味的食物而已，更應該做好溯源管理，講求農場到餐桌一貫的品質，未來的餐飲業是過程導向的，與創意、健康、環保、生活相互結合，而這些需要許多團隊，更需要設計與企劃的專業來配合。設計師的角色與未來發展方向，就是一個實體與虛擬環境的整合者，新消費市場將回歸到身心合一，缺一不可。

商空設計師需要了解店家營運流程，打造兼具實用與美感兼具的空間。

設計戰略思考	1. 設計在當代已超越美的範疇，而是全面整合的企畫。
	2. 整合力是新零售時代重要的關鍵能力。
	3. 品牌不是形象包裝，而是企業／店家所要傳遞核心價值的最終成果。

1-2

打造一家成功的餐廳，
從了解餐飲品牌開始！

餐飲業是大眾向的產業，對民眾的影響力很大。大多數的人每天都要騰出一些時間與金錢來享受飲食，這也是生活中讓人放鬆的重要活動。龐大的市場消費需求造就了創業熱潮，餐飲業近年來已經躍升主流產業，甚至成為明星產業。過去年輕人憧憬的行業可能是建築師、工程師、律師、醫生等專業人才，但現在則轉變為傾向自己創業當老闆，擁有一家屬於自己的餐廳，更是不少人的夢想，餐飲業可以說是這個時代最具有魅力的事業了！也由於這幾年來有許多經營有成的中小企業積極投入這個領域，相對使得這個領域競爭更加激烈。

創造品牌的重要性

俗話說：「工欲善其事，必先利其器」，在投入餐飲業之前，業主一定要先了解這個產業的特性，並知道自己需要準備什麼？擁有哪些條件？以來應對即將面臨的挑戰。除了基本的認知外，思考自己的餐飲與他人的區別就非常重要，有自己想要帶給顧客的餐飲品牌體驗與風格，也唯有與眾不同才能脫穎而出，且長盛不衰。舉個例子，台灣的夜市和美食文化多元且有名，特色餐點更是選擇繁多，但消費者對要吃哪家店的餐點卻沒有頭緒，這就是「沒有品牌」所產生的現象。餐飲業在有了品牌的概念後，方能使顧客對於其產生認同，並能長期光顧、體驗品牌帶來的價值。就像我們要與家人或朋友聚餐的時候，可能最直接的想法就是去「瓦城」或「鼎泰豐」光顧，因為其品牌印象已深植人心，相信能給人具一定水準的服務體驗；統一企業的 7-11 咖啡豆與星巴克或許是一樣的，但許多人還是願意多花錢去星巴克消費，只為能坐在店內享受品牌營造出來的獨特氛圍。

店家透過不斷累積建立自身品牌形象，進而讓顧客認同其品牌，並持續光顧。「ivette café」
將澳洲 cafe 三大元素：好食物、好飲品、好環境，提供給顧客。

品牌的特性

要成就品牌必須了解品牌的特性，品牌不只是行銷，而是將品牌的承諾付諸實行，進而傳遞給顧客，因此品牌至少具有以下幾種特性：

1. 品牌與產品要並重

目前台灣有許多產業能生產優秀的產品，但缺乏品牌的觀念反而降低了價值；縱使有了厲害的行銷手段吸引顧客消費，但若產品不如預期，反而直接增加壞印象，想要客人再光顧就更難了。所以成功的產業需要有好的品牌呈現與好的產品互相襯托，當產品的品質穩定，再來做到品牌的呈現吸引人，到服務體驗讓人舒適喜愛，就能達到吸引並留住客源目的。

隨著精釀啤酒帶來的啤酒風氣，金車集團因應廣大的需求，推出全新啤酒品牌「BUCKSKIN 柏克金啤酒」。

2. 品牌內外呈現一致性

品牌從外表的呈現到內涵都要呈現一致性。假如想要吃日式料理的顧客，進入餐廳後發現店裡還有另外販賣義大利麵、薯條或漢堡，可能會懷疑店家的專業性，再不然也可能會分散他的焦點，對品牌印象造成干擾。又或是在選購衣服的時候，顧客因為店外活潑可愛的塗鴉而進入店內，卻發現店裡的衣服都是成熟簡約的風格，在與想像不一樣的購買體驗下，自然而然就減少了許多興致。確保品牌各面向有著共同明確的目標，企業內部也都能為這個目標而努力，就能使目標越強而有力，顧客對於品牌的理解及印象也會越深刻。

3. 重視創新與顧客需求

餐廳的創新就是能夠開發新產品或體驗方式。一間餐廳無論是連鎖或獨立經營都需要有特別的創意，簡單來說，像是特殊的菜色或是特別的空間氣氛，更深入的話，像是創意的營運方法等。為什麼有些餐廳要一直推出季節限定或是新菜？這是因為即使不一定符合每一位顧客的期待，但某些顧客就喜歡嘗鮮，自然也會覺得這個餐廳很有活力，能跟著時代需求而不斷創新，避免顧客流失及品牌老化。

正如同沒有一個標準能完全衡量餐廳的好壞，餐廳的品牌經營也沒有只要遵循就會必勝的守則，但成功的餐廳都是基於顧客的喜好與需求而塑造出來的，所以顧客的意見非常重要，因此建立顧客與品牌溝通的管道，積極創造對話的機會，讓顧客成就品牌。

追求創新的「柏克金啤酒餐廳」特別研發一款《噶瑪蘭威士忌葡萄提拉米蘇》跳脫傳統供餐形式，由顧客挖一勺決定分量。

4. 品牌的重點在於持續的創造經典

假如某個樣式的美學對現在來說很火紅，那就是流行，但跟著流行做就一定會獲得顧客的支持嗎？我們應該要有能力判斷形成流行的原因，才能從根本找到受顧客歡迎的因素，進而使自己創造出經典。因為顧客是很敏感的，一定能發現店家只是在一味的模仿，如果企業以為這是最輕鬆又不用花太多成本的做法，其實只是追在其他品牌後面跑，淪為二線削價競爭，反而利潤更單薄，也始終抓不住顧客的味蕾。

品牌的價值在於建立完整的體驗，而商品也是會從核心理念發想，在有邏輯的塑造商品呈現的樣貌，對於沒有體會其意義就只會胡亂拼湊的業主來說，誤以為這樣能成為大眾所喜愛的商品，但其實那就像是重新包裝過的綜合代理商罷了！顧客並不會認同其價值，一旦有更多選擇，當然也就不會買單。

「柏克金啤酒餐廳」以釀造啤酒為設計概念，從每個細節材質呼應製程，讓顧客感受良好體驗。

5. 好的品牌形象能增加價值

一般認為需要支出較高的費用才能成就品牌，因為品牌的經營成本的確增加了！但成功的品牌就算訂出高於一般市場的價格，民眾仍願意買單，因此回收的利潤也是豐厚的。雖然沒有辦法以數字具體證明品牌能為產業帶來多少經濟效益，但正確的品牌理念卻可以帶領企業在每個策略上做出對的決定，自然就能看到業績持續的成長。

成功的團隊需要能夠創新的人才，單純只是抄襲別人想法或是因循舊有系統的餐廳，也許開店一時不會有問題，但時間一久一定會受到市場的考驗，因此必須能夠根據現有的資源以及當地特色來設定商品或是營運模式，這是造就餐廳的首要條件！

設計戰略思考	1. 品牌力與營運力，是餐飲業成功的必備要件。
	2. 不是有名字和 CI 就是有品牌，「核心價值」才是塑造品牌的關鍵。
	3. 品牌是對顧客的「承諾」，將品牌的核心價值裡外一致且持續地遞給顧客。

1-3   台灣餐飲文化的變遷

台灣四面環海的地理環境加上特殊的歷史背景，使得台灣接納來自各地的飲食特色，尤其受到中國菜系的影響最深，如江浙菜、上海菜及粵菜……等，都是常見的飲食源流。台灣的餐飲文化從早期隨著國共內戰由大陸移民帶來的各省特色菜，這些中菜餐廳例如台北老字號的銀翼餐廳，或是近年得到米其林指南三星餐廳的頤宮……等，如今已與本地口味混合，不全然像原先當地的口味；而台菜的始祖如青葉、欣葉餐廳，整體而言雖然和傳統的中華料理相近，但隨著時間的演變也融合發展出自己的特色；其餘像百元快炒或夜市小吃也是隨著時間及潮流快速更新，也成為台灣飲食很重要的特色之一。

台灣餐飲文化受到各國飲食文化影響

台灣因為曾經被日本殖民，日治時期的料理及飲食文化持續發展到現在，所以台灣人普遍能夠接受日式料理，例如咖哩飯或是燒肉……等；西式飲食最早則可追朔到美國駐軍的影響，美軍俱樂部的廚師與技術教育了早期的西餐廚師，加上後來高級飯店所帶來的西餐主廚及烹飪系統，讓台灣人對於西餐有更多認識；而後大量的國外連鎖餐飲集團如麥當勞或星巴克、異國料理如法國菜、義式料理……等進軍台灣並蓬勃發展，台灣無疑成為世界料理的共和國。

1. 「開丼 燒肉 vs 丼飯」以日式燒肉丼飯為主，不斷創新口味與結合東西方料理手法，顛覆對燒肉丼的想像。

2. 「開丼 燒肉 vs 丼飯」南港環球店的入口櫃台空間，結合搶眼的平面設計，吸引顧客目光。

連鎖餐廳及異國料理的快速成長

飲食是一般人最容易接受外來文化的管道，以小吃美食著稱的台灣，也慢慢融入了世界各地的飲食文化、國際化的程度相當高，而異國料理如日式料理、西班牙菜或義大利料理……等都已經是一般人可以接受的菜色。起初台灣餐廳的主力都是以高性價比（俗稱高 CP 值）為主，餐廳經營者從代工與貿易學會到管理及複製的能力，透過採購技術與系統化的管理，將原有國外連鎖餐飲的菜色重新改良，造就了許多成功的連鎖餐飲品牌如王品……等。台灣的連鎖餐飲蓬勃成長卻也造成大量複製，企業緊接而來的課題就是該如何創造差異化，餐飲業如同服飾業一樣，必須加入更多風格與潮流的元素，才能夠在競爭激烈的餐飲市場異軍突起。

餐飲產業的戰國時代

台灣整體的環境對於餐飲創業其實是相當友善的，一個新創的餐飲品牌或是地區性的餐廳，只要能夠服務朋友或周遭社區基本上就可以生存。然而事實上台灣餐飲創業的成功率卻很低，流行化的連鎖餐飲製造了創業容易成功的假象，即使擁有一個好的創業想法，在開幕時擠滿顧客、吸引許多網美拍照打卡，但容易形成風潮過後生意直線下滑的困境。

「沐越餐廳」為台灣王品集團旗下的越南餐廳，品牌精神為「法式氛圍中的越式饗宴」，打造可以同時享受美食並且體驗文化的聚餐場所。

在這一波的連鎖餐飲的潮流中我們可以發現日本餐飲品牌算是較成功的案例，台灣曾經接受過日本殖民，並長期受到日本文化的薰陶，都市紋理及飲食習慣皆與日本相似，因此台灣人對於日本餐飲品牌接受度較高，一窺百貨商場必有日式餐飲品牌進駐即可得知，仔細研究這些日本餐飲品牌，重視職人的文化精神再加上高效率的廚房設備與流程，為建立起高品質的餐飲品牌的重要因素。

西方精緻餐飲文化的影響

台灣過去很少有精緻餐飲，然而近幾年網路資訊的發達，加上許多電影題材如壽司之神、海鷗食堂，或是影集 Chef's Table 與百萬菜單（The million Pound Menu），都把主廚或是創業家的故事搬上世界的舞台，甚至連米其林星級評鑑也已經進入台灣；即便遠在歐洲連年得獎的「noma」或是擅長分子料理的 「El Bulli」一般人似乎也不陌生。媒體的推波助瀾下，使得當代餐廳打破了文化與地域的隔閡，並容納了各種新的創意與奇想，進一步拓展了人們對於美好生活的想像。

「貓下去敦北俱樂部與俱樂部男孩沙龍」融合各式文化，以創意手法不斷推陳出新。

在台灣，隨著這一波現代化西餐的發展，許多年輕的人材也加入了餐飲業，越來越多從海外來的廚師或年輕廚師自己出來開店，其中像是「RAW」及「MUME」皆獲得米其林的殊榮，另外還有台味十足的「貓下去敦北俱樂部與俱樂部男孩沙龍」，都完美的示範了餐飲業在這個時代的台灣可以達成的創新水平。

綜觀台灣飲食文化透過時空的轉換不斷地演進，各式異國料理引進台灣後也加入了許多在地化的元素，而發源自台灣的美食如珍珠奶茶、鳳梨酥到鼎泰豐也早已名揚國際，這都透漏出台灣餐飲產業的能量及實力。除了多方融入各種菜色之外，我們也期許未來能建立更多具代表台灣味的特色料理，並透過觀光及行銷推廣至全世界。

設計戰略思考	1. 創造「連結在地」的餐飲品牌。
	2. 導入系統化、科學化思維及做法到餐飲品牌之中。
	3. 連鎖品牌需思考在規模經濟下如何做出「差異化」結果。

← 「貓下去敦北俱樂部與俱樂部男孩沙龍」的包廂座位區以火車車廂為設計概念，運用台灣意象的材質，試圖打造出有台灣味的餐酒館。

Column

從設計的角度，理解餐飲產業的創新與轉型

這幾年接觸了不少餐旅產業的業主，根據我的觀察，台灣有很好的精緻農業、餐飲業和旅館業，然而隨著這些產業的蓬勃發展，資訊透明化讓市場的競爭日益激烈，更不用說還要面對國外品牌系統化的入侵和新的商業模式挑戰。現今多數的台灣餐飲產業正在面臨老顧客消失、產品不具競爭力或是環境老舊等大小不一的問題，許多經營已久的餐廳與品牌都面臨延續及轉型的困擾。

在餐飲設計及顧問的執業過程中，我們的客戶大致可分為兩大族群：一種是新品牌創業，另一類是傳統餐飲轉型，必須面對這兩種不同類型企業的問題，並協助他們尋找合適的解決方案。

餐飲創業不要急

隨著商業活動增加與知識普及，創業成為現代人的憧憬，除了透過開店實現心中的理想，更期待能讓收入提升及財務自由。這些創業者常是以個人理念或想法出發，創新的成分非常高，但產品大多數還未經市場考驗，雖然想法及需求較能接近現代顧客，但在營運管理上卻無法馬上進入狀況。

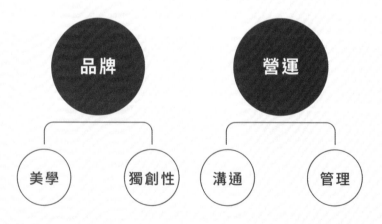

品牌及營運概念圖

然而創業之路相當辛苦，以餐飲業來說，因為實體店面的成本較高，不可抵抗的外在因素也相當大，例如屋齡的老舊、商圈的轉移、都市更新……等問題；內在因素如創業之後的營運及人事管理，如果沒有相當的經驗，都需要花許多時間去改善，內部與外部問題交雜，都使得創業與開店的成功率並不高，我的建議總是不要急於創業，實體空間創業不簡單。

傳統餐飲轉型不能等

另一方面，也有一些傳統餐飲，他們一開始可能只想修改包裝或藉由室內設計翻新店面，或利用行銷方式來吸引逐漸失去的消費者。但深入了解後，常常發現其實他們真正面對的是產業轉型的問題。畢竟今日的顧客早已不再滿足純粹產品的價值，還有許多不可觸碰的價值，例如：很多時候，品牌概念、特殊的體驗與人性化的服務……等。其實根本的問題在於產品與經營模式早就到了需要更新的階段，而內部的管理營運、員工的教育訓練也需要與時並進，甚至要用品牌的概念來領導，才留得住人才。面對轉型，我的建議總是產業的更新不能等，需要及早做準備。

「上善豆家」把員工當成夥伴，教導他們健康天然的料理方式，提供完善的福利制度，進而讓員工更加認同品牌理念。

品牌與營運的關係，缺一不可

從上述討論中，我們可以發現，品牌與營運這兩股力量正是一個完整企業不可或缺的兩端；品牌對於顧客而言是一個理解企業價值的依據，品牌同時也告訴企業內部的人員，公司未來的規劃以及如何應付時代的改變和挑戰……等；而營運則是延續產業，讓產業可以持續供養人才，繼續地服務它的顧客，彼此朝相同的目標前進。

而品牌與營運的概念截然不同，舉例來說，可以視品牌為開創者，除了要有創新的想法之外，也需要對未來有規劃能力；營運則是守成者，需要有溝通及管理的能力，並從經驗中學習。台灣過去大部分是家族企業與中小企業，做的也是以代工及貿易居多，管理的人才比較多，而了解品牌的人才，在過去台灣社會環境裡較為稀少。

「GOHAN 御飯食処」將米食的概念置入空間設計，呼應推廣台灣在地米食文化的品牌精神。

餐飲產業今日的課題

觀察台灣市場，在餐飲、旅館業可以見到大量的創業，卻鮮少有品牌投入轉型，但在市場上，過去傳統小店與品牌代理可以安穩生存的狀況已不在，面對諸多已經成熟的國外餐飲品牌來襲，大家了解到發展品牌和轉型才有未來可言，然而過去幾十年來大多數的餐廳，不是家族企業，就是代理品牌，大多都是先有生意而後有品牌，這樣的團隊所培養的人才大多都是營運人才。產品與品牌的發展責任通常落在老闆或是要接班的二代身上，然而上一代與下一代的人才之間常常產生鴻溝，相互耗損的狀況下，造成了台灣產業競爭力日益下滑，而所謂的品牌與營運本應該相互合作，但事實上卻是相互競爭的狀況。

「GOHAN 御飯食処」為年輕的二代所經營，推廣家鄉西螺米的食堂。

釐清核心價值，找出品牌轉型的方法

面對品牌更新或是轉型時，通常會聘請外部團隊與內部品牌規劃相互配合，我們通常遇到的問題都是位於高階的營運人才無法判斷品牌規劃的價值，導致價值選擇的障礙，把品牌當作是包裝與行銷的工具。單純的用比價採購的方式，最終買來的設計只是組合別人的成品或是時興的產品，而沒有達到真正轉型的目的。然而轉型的成本相當高昂，有時即便建立了新的系統，也常發生無法讓這些規劃融入舊有的團隊之中，最後只好放棄轉型之路。

深究這些問題的背後，通常是源自企業轉型之初，業者沒有了解自己過去成功的核心價值，繁忙的日常運作導致看不見現今的產品對應到時代的價值，也沒有清楚轉型的目的為何，而冒然的以自己過去成功的經驗管理品牌的發展。轉型是一條漫長的道路而沒有捷徑，必須回到自己產業的核心價值與時代價值。企業不能只想求速效，單純改變產品的外在美感、花俏的包裝設計與空間設計只是一時的，砸錢地行銷手法也無法真正地傳遞品牌的精神。

回歸到根本，解決轉型的第一步應該是從企業內部的討論開始，透過一連串的討論，找出可以延續的核心價值並凝聚共識，慢慢的創建出品牌故事與文化，從內部著手在加上外部團隊的合作，而營運端也需要適時的調整與改革，再來才是開發新產品與新品牌，最終能夠將品牌與營運合為一體，這才是企業長久生存之道。

而面對團隊過於龐大的企業，我會建議一個花費不會太高解決方案，則是在有限程度之下依據現有品牌精神規劃一個新的標的，也就是**最小可行性產品**（Minimum Viable Product MVP 模式），簡單的來說，就是整理出過去的最佳產品，改變少數變數放入市場測試的方法，同時藉以培養新的團隊與顧客迴圈，在達到階段性的標的，獲得成果後再去追尋下一個標的，如果不成功，也很能夠清楚的知道問題在哪裡，一步一步的發展，在獲得一定成果時，再回來改革自己產業內部的問題。

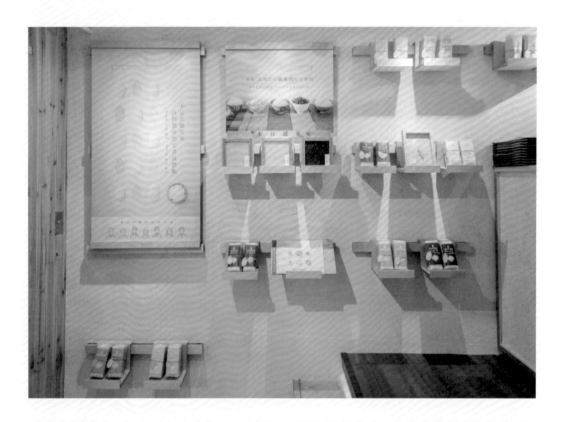

「GOHAN 御飯食事処」強調米飯對於餐點的重要性，入口處設計了一道展示牆面及米展示盒，在此介紹 GOHAN 精神、每月選米及米食商品。

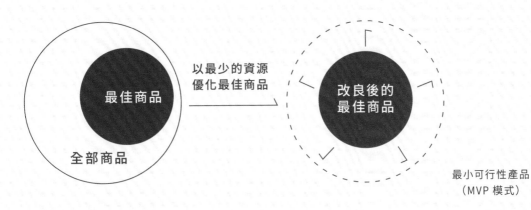

以最少的資源
優化最佳商品

最佳商品

全部商品

改良後的
最佳商品

最小可行性產品
（MVP 模式）

創業與轉型的相互合作

回到創業的族群來說，開店或創立新品牌通常都是從理念與潮流出發，大部分都會找有規劃能力的人才，範圍包含品牌設計、平面設計、室內設計、產品設計、工業設計⋯⋯等，大部分一開始創業的公司，除了核心的製造開發人才，其實擁有的大部分是品牌的資源，然而傳統品牌大多是營運資源，如果企業可以發現自己的缺點去尋找合適的合作夥伴，舉例來說，新創的茶品牌就可以去尋找具有成熟工藝技術的茶師互相合作，而不是自己建立一個全新的生產線，也可以讓傳統的製茶師傅，了解新的顧客與市場。

畢竟一個品牌要做的事情太廣，不可能在創業之初就把通路、行銷⋯⋯等問題全部解決，這時候就應該找顧問、合作夥伴溝通，甚至可以與傳統產業相互合作，讓人才可各司其職，構成一個正向的迴圈，創造最佳的團隊。

「GOHAN 御飯食事処」打造品牌
需要專業的團隊合作，從 Logo、
平面設計到實體空間的完整體驗。

Step.2
理解餐廳的核心價值：回歸顧客體驗

2-1

必備要素核心：
品牌理念

餐飲業的魅力在於餐飲是體驗的產業，並不單純只是食物與服務而已，當代的餐廳所提供的不再只是食物，而是整體情感與體驗的價值，而這些都回歸到最初創業的經營理念。延續前文所提「打造一家成功的餐廳，從了解餐飲品牌開始！」，知道餐飲品牌的重要性後，又該如何去定位品牌理念呢？開店前應該要將經營理念、品牌定位（包含營運、菜色、價格……等）準備好，並思考打造完整體驗為目標，才是開店的開始！

用設計傳達品牌價值

打造任何產業的品牌，最重要的就是檢視企業的重點核心，也就是「品牌理念」，不論在行銷策略、營運規劃、服務精神到設計呈現與菜色研發……等各方面，都必須環繞這個核心價值進行。在商店林立的街道上，花大錢設計裝潢與引進頂級食材、設備的店家不在少數，但並非這樣操作的店就一定能吸引顧客上門；同理，省去設計費與高級食材、設備來降低銷售金額的店家，也不一定就會獲得顧客青睞。至於顧客之所以選擇你而捨棄競爭對手的原因，就在於你體現出來的「品牌價值」已被顧客感受並認同。

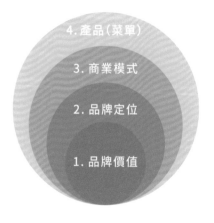

4. 產品（菜單）

3. 商業模式

2. 品牌定位

1. 品牌價值

餐飲經營之道：建立堅不可摧的核心價值。從最核心的品牌理念為依據，延伸至品牌定位到完整的體驗。

「ivette café」餐飲哲學以「honest food」為出發點，透過嚴選食材，落實環境永續及綠色採購原則，建立一個正向的飲食文化。

從創業初衷決定品牌理念

餐飲業有許多型態，例如年輕人喜愛的飲料加盟店，或是近來火紅的西式餐酒館，也有些人夢想能與「鼎王」或「王品」一般，建立大型連鎖品牌餐廳。每一種型態都有其不同的技術要求與資金門檻，不同的動機會影響規劃的方向，有時候考量的也可能不只一個因素，而是數個因素彼此相互影響，也因此在開業之前必須釐清初衷，才能規劃未來的方向。如何取捨而找出方向，選擇適切的創業型態，是開店之初最重要的事。以下我歸類了幾個常遇到的創業緣由以及動機做為參考。

個人創業的三種出發點

一、以自立或經濟考量為優先（資本門檻低）

以經濟或自給自足的考量而言，如果本身並未擁有關鍵技術，其實最常見的就是加盟連鎖餐飲品牌，例如受年輕人及上班族喜愛的手搖飲料店或以外帶為主的咖啡館，像是五十嵐、CoCo都可、cama café……等，此類加盟連鎖店，因為已有品牌知名度與相關營運的規劃，可以有系統的學習，所以相對門檻較低。但相對的，如果對餐飲本身有熱情的創業者也許會認為太過商業或是太過簡單，甚至有些創業者會發生與總部理念不合的狀況。

二、開一家理想的店（資本門檻中）

如果創業者原本就是廚師，這類型的創業者通常會選擇與自己的技能相近的餐飲型態，例如西餐廚師可能選擇開義大利麵店，甜點廚師可能會開甜點店，因為有餐飲專業，基本上的運作及產品通常不會有太大問題，但必須注意營運管理以及行銷。

通常對餐飲有著執著熱情的人，常會特別注重細節，或是在食物或是設計上面有著特殊的創意，想走出自己的一條路，經營者不見得是廚師，但一定對餐飲有著興趣，對於實體店面有許多想法，這樣的人就適合獨立開咖啡廳或餐廳，只是相對的投資金額較大，通常也需要股東或專業者參與，來降低風險。

「法朋烘焙甜點坊」的經營者為甜點師傅，親自管理及研發產品，並對甜點有著高標準的自我要求。

三、發展有規模的企業、複合店型或是大型連鎖

如果是打算以一家店為起點，發展為有規模或連鎖的餐飲企業，一般擁有資本的創業者，投入開店時必須事先計畫長期發展的策略，有可能是複合店型來增加品牌強度；若為企業中的新事業體，應該要配合專業的品牌設計與商業空間設計公司，甚至最終會擁有自己的總部團隊進行開店規劃，台灣的特色產業如手搖飲店，就是一個很好的例子，其中的知名品牌例如一芳與CoCo都可，都有完整的展店部門規劃，包括品牌、採購與設計部門……等。

「Howfun 好飯食堂」在台灣生根茁壯，並擴展至海外。

以創立餐飲品牌來說，最重要的就是找出品牌的核心價值與經營理念，至於如何快速定義自己的餐飲品牌，以及餐飲品牌定位的過程中需要注意那些環節，後面的內容將更深入說明。

設計戰略思考	1. 「餐飲品牌」不等於「餐廳名字」，而是從創立品牌之初的理念延伸而成的一連串縝密設計。
	2. 品牌理念是建構核心價值的根本，確立後才能據此規劃產品、營運方式、視覺與空間設計及行銷等。
	3. 想從開一家理想的店著手打造品牌，須釐清自己是否擁有核心技術，若無要如何補足，以避免創建過程中核心技術人員異動受到影響。

2-2 達人專訪：餐飲社企 ── 嚴心鏞

讓人感動、滿足的餐飲體驗，是每個餐飲品牌戮力追求的目標，餐飲的每個環節：從食材挑選、料理方式到擺盤呈現，從硬體空間到軟體服務，每一步都是人在執行，發自內心有溫度的服務方能感動顧客，進而吸引他們一再回來消費，成為品牌的「鐵粉」。回到餐飲服務業的真實現況，從事餐飲業的年輕人，常常是不知道要做什麼而來做餐飲，或因進入門檻低是幫助家計最快的途徑，在台灣餐飲就業環境普遍不佳的情況下，時常耳聞勞資對立，產業進步有限。因 6 年偶然讀到日本經營之神稻盛和夫的書，對於稻盛先生利他大於利己的企業經營理念十分感佩，便加入盛和塾，並有機會聽到來自全球的盛和塾成員分各自利他經營的經驗，以及稻盛先生感動人心的演講，讓善果餐飲集團創辦人嚴心鏞深受感動，他在心中許下要幫助一萬個年輕人的願，種下創立餐飲社會企業的種子。2 年後，他被盛和塾選為當年度在世界大會分享的台灣代表，會後的餐敘中，嚴心鏞問了稻盛和夫為什麼選他來分享起步不久的餐飲社企事業，稻盛先生的話透過翻譯是這麼說的：「這個世界不缺一個大企業，缺的是做偉大事情的企業。」

以終為始，信念堅定走上社企創業路

從新竹剛開的店風塵僕僕回到台北，嚴心鏞愉快的分享這家店是內部夥伴的微型創業：「在善果餐飲，聘用夥伴時會問他未來 5 年的目標，如果是想自己開店的人，當資歷及能力培訓達一定程度後，會鼓勵他們『微型創業』。我們用「黃金三角」陣容，也就是一位店長配兩位副店長，由企業提供研發及資金等相關資源，店長認購 10% 股份，兩位副店長各認購 5% 股份，希望透過此舉幫助有志從事餐飲業的年輕人，降低創業的難度與風險。」

聽到這裡，除了驚訝於竟有幫員工創業這麼佛心的企業之外，來上班除了供兩餐還包住，對於企業營運來說，成本壓力不是很大嗎？嚴心鏞則笑著回答：「一開始就把這些福利當成標配，只要老闆少領一點錢、多花一點時間，其實就辦到了。」

打造健康的餐飲從業環境

在人生二度創業之前，嚴心鏞曾是亞都麗緻服務管理學苑的總經理，也自創服務管理顧問公司，推廣「感動服務」多年，是許多企業的顧問，當他的叔叔嚴長壽決定到台東從事偏鄉教育時，他去幫忙了一段時間也想一起投入，嚴長壽先生對他這麼說：「你還年輕，還有很多事情可以做。學校教育是抵擋不了社會教育的，學校教得再好，出了社會遇到不對的主管或公司，就前功盡棄，你想想看有什麼方法可以讓年輕人有好的就業幾會。」

在稻盛和夫和嚴長壽的影響下，嚴心鏞成立善果餐飲，目標很明確，就是要幫助一萬個年輕人，企業確立了這個核心價值後，他有很清楚的使命，就是創造工作機會，幫助弱勢的年輕人，藉由導入正確的工作觀念，創造合理的收入，而能改變他們的家庭，走上正向循環。因此他很在意加入善果餐飲的年輕人，目標是什麼，未來有什麼規劃，想到哪裡落腳，台北、台中、高雄還是台東，想做什麼事，是前場服務、主廚還是想自己開店創業，一個年輕人來這裡，了解他之後，一起定下一個 5 年的目標，就往這個方向學習成長累積。

即使嘗試過後發覺不想做餐飲業，嚴心鏞認為只要在這裡學到一些做事的觀念與方法，那就夠了。

善果餐飲集團創辦人　嚴心鏞

曾經共同創辦稻禾等餐飲品牌，現創辦善果餐飲國際股份有限公司，提供離家工作的年輕人，一份安穩的工作、習得一技之長的機會。旗下品牌包含上善豆家、禪風茶樓、十饍麵堂到善菓屋，創健康品牌，感動顧客也照顧員工，落實商業公益兩平衡的企業目標。

先感動同仁，才感動客人

「我有一個餐業界的朋友，有一次請他到我們店裡吃飯，走進店裡員工笑瞇瞇的和我打招呼，對待顧客也是極富熱忱，朋友問我怎麼讓員工這麼開心的服務客人，讓我教教他，我回答要他少進店裡就可以了。這雖然是玩笑話，但很多問題是出在老闆身上。試想若一家公司照顧員工的需求，關心他們吃得好、睡得好嗎，也願意幫助他們達成目標、自我實現，為什麼會不開心呢？很多時候讓員工不開心的原因是老闆，有些老闆一到店裡，本來員工有說有笑的馬上收起笑容低頭不語，戰戰兢兢，公司若無法感動同仁，要他們如何感動顧客，就算有再高超的服務技巧，再完備的 SOP，都只是短暫的表面功夫」，嚴心鏞這麼分享。

他也提到一個故事，當年 Hotel One 要進駐蘇州，開幕前負責蘇州店的總經理告訴當時還在亞都麗緻集團服務的嚴長壽總裁，問題很多，員工彼此互相排擠，完全無法帶出亞都麗緻的水準，員工來自大陸各個省份，劃分成很多小圈圈，讓他非常煩惱。嚴總裁就回答他讓他想一想怎麼辦比較好，開幕的前兩天，嚴總裁邀請員工一起吃飯，席間他說：「大家為了籌備開幕半年多沒回家，過兩天就要開幕了，我想和大家一起好好吃頓飯，在接待客人之前，要先接待你們的家人，此時餐廳的門打開了，走進來的是這些員工半年不見的家人，人資部花了很大功夫把他們員工的家人從五湖四海請過來，非常不容易，經過這次之後，再也沒有小圈圈彼此排擠的問題，大家都能為了共同的目標合作。他認為這是管理者的風範，也謙虛地說比不上嚴總裁，但他一直秉持著「先感動同仁，才感動客人」的信念，落實在善果餐飲這個大家庭裡。

企業文化：健康、孝順、專業、正向、助人

有太多做餐飲的人，自己就吃得不健康，過不健康的生活。嚴心鏞認為，如果要幫助一萬個年輕人，最好從事的是偏向健康的飲食，因此也促成他打造健康的餐飲事業的想法。在善果餐飲，健康、孝順、專業、正向、助人是企業的核心價值，對員工的要求的首要條件也是健康，過去曾經把孝順放在第一位，但若身體病痛讓父母擔心難過，也稱不上孝順，因此現在把健康放在徵才的第一位。

提供健康生活、工作的環境與條件

既然是做餐飲業，嚴心鏞認為讓同仁吃得健康是基本條件，不論是現場或辦公室的員工都供餐，給顧客吃什麼食材，就給員工吃一樣的，只是沒有肉而已。也盡量在餐廳裡闢出休息區，給員供工作人員好好吃飯、好好休息的角落，以前還有三個運動型的社團鼓勵員工多運動。公司提供家住外縣市的夥伴員工宿舍，一個月僅收 1500 元管理費用，住宿的環境是他親自看過沒問題，家具設備是他和夥伴一起去挑選回來佈置的，就是希望下了班讓員工好好休息，沒有後顧之憂。同樣在餐飲業工作，一個月賺 3 萬元，在台北扣除房租和生活開銷後，能夠存 5000 元就不簡單了，在善果這個大家庭裡，可以存到 15000 的夥伴比比皆是。

孝順，人要孝才會順

對父母都不好的人，如何能期望他能對別人多好？嚴心鏞觀察，在高位的人，提到父母都是滿懷感激敬愛，孝順孝順，人要孝才會順，如果對父母不孝，賺再多錢也很快就會一場空。

專業培訓，每天考核即時獎勵

帶人要帶心，除了給予實際報酬，嚴心鏞打造如同學校的同儕關係與學長姐體制，一個帶一個，相互學習加深向心力。在善果餐飲，新進人員都有學長姐帶領，除了在工作上的指導，也在生活上給予照應。每天根據店內情況，店長會針對每位夥伴給予紅、黃、綠燈的燈號，每天即時考核，也及時給予鼓勵，若表現不佳出現紅燈時，會特別給予關心與協助。

正念將事情導向正向循環

服務業是情緒感染的行業，老闆整天不開心也會感染員工，員工不開心要如何服務顧客、讓顧客開心？ 當然可以透過很多訓練，或是獎懲制度來規範員工的行為，但不是發自內心也很難感動客人。每天店內會選出「今天我最正」的夥伴，將他們的正向事蹟分享給店內所有同仁知道，傳遞正向的力量，把感動擴散出去給週遭的人。

助人，把自己得到的感動傳出去

京瓷集團的創辦人稻盛和夫，被稱為日本的經營之神，1984 年他設立財團法人稻盛財團、創建京都獎。此外，也創立了以培養年輕一代經營人士為宗旨的經營學堂「盛和塾」，落實企業家不能只是利己、還要利他的企業經營理念。6 年前嚴心鏞讀到他的著作深受感動，報名參加盛和塾，參加當年度的世界大會，聽了在場經過遴選的企業家分享自己如何利他的經營理念，以及稻盛和夫親自分享的演講，他說那時覺得自己在很遙遠的地方仰望稻盛先生，讓自己發願要幫助一萬個年輕人，讓他們達成自己的目標。一個人能做的有限，但只要一個人傳給下一個人，如同蝴蝶效應，結果的強度永遠超乎預期。

選困難的事做

「年輕人做餐飲，經常沒想過為什麼，但我認為每個人應該用有限的生命去完成目標，因此我很在意來應徵的孩子為什麼想做餐飲業，未來的目標是什麼。家境不好的孩子，他們也許不是最乖的，但善果餐飲的離職率比業界低很多，因為他們來到這裡之後，知道自己要什麼，有了可以努力的目標。」嚴心鏞語重心長地這麼說。台灣吃素的人口佔了全球的 12%，這麼大的蔬食人口卻沒一個能走到國際的蔬食餐飲品牌，嚴心鏞的長期目標是要成立一個蔬食餐飲學院，培育蔬食餐飲人才，但這真的要一步一步來。

這幾年面試的經驗，發現有太多年輕人需要幫助，因此決定加快腳步，以往是一年創一個品牌，光是去年就創了四個品牌，嚴心鏞說：「許多知名的企業家是我們的股東，以前我做過他們企業的顧問，當我提出想創善果餐飲、幫助台灣弱勢偏鄉的年輕人的想法時，他們都很認同這樣的理念，也投資促成這件事。初期建構品牌及軟硬體，確實是花了很大一筆錢，但我嘗試說服他們把獲利拿出來，投入新品牌的創立與產品研發，把『基礎建設』做好，能更有實力，穩建地成長，進而有能力幫助更多人，只是這樣的做法對投資人比較不好意思。不過，利他最終會利己，而且這不是算計得來的，而是以終為始，終得善果。」

建構一個平台，有系統步向成功的創業

現在年輕人創業失敗率達 8 成，一家店要成功，一定要有自己的拳頭商品，能打遍天下無敵手的那種，當時善菓屋在研發紅豆麵包時，試了各種食材，自己培養酵母，最後選用法國艾許奶油、有機手摘紅豆、小農直送鮮奶、自然放牧蛋、台南手工黑糖，做出一顆賣 40 元的紅豆麵包，如果是一個沒有資源背景的年輕人創業，怎麼會有勇氣敢這樣嘗試投入？因此善果餐飲在做的事，就是提供資源，建立平台，讓想投入餐飲業的年輕人有一個能幫助他們建構知識、培養能力、強化信念的環境，透過內部的微型創業，給他們圓夢或改變人生的資源。

究竟，是賺了錢才開心，還是先開心才賺錢？每個人的答案可能不同。一樣是從事餐飲創業，選擇集團化經營的策略，嚴心鏞在出發點時就有不同的思維想法，困難也變得甘之如飴，這可能是因為已預見了最終想要達成的善果，現在就是走在這條路上往它接近而已。

2-3 餐飲品牌定位的流程

開店前必備三要素，除了知道餐飲品牌的重要性之外，在創業之初應該確立品牌的經營理念、品牌定位與企業識別系統，才是開店的開始！當確定自己的經營理念後，業主就開始需要客觀考慮自己的品牌定位，從顧客、地點、商品、價格、店鋪、待客、行銷、營業時間去思考，要留意的是餐飲業是講求與人交流的一個行業，唯有重視顧客的需求才能長久經營。

至於如何快速定義自己的餐飲品牌，以及餐飲品牌定位的過程中需要注意那些環節，本文我們將作更深入的說明。

以品牌來說最重要的就是核心理念，所以在定義自己品牌的過程中，要了解自己擁有的資源，再發想需要改進或強化的方向更能快速找到重點。原本擁有核心資產，例如：獨家的配方、厲害的廚師、特別餐廳企劃等，要如何把這些資產的力量做加成體現呢？可以藉由觀察市場相同類型的案例做為參考；假如擁有資金與場地，可從資料分析出目前市場的需求，歸納出目前的趨勢或市場仍有缺口的商機，從此切入著手。

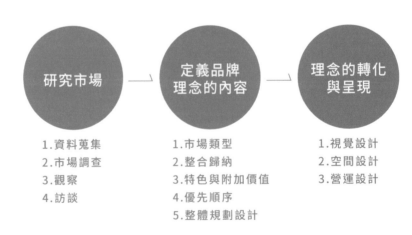

研究市場	定義品牌理念的內容	理念的轉化與呈現
1.資料蒐集	1.市場類型	1.視覺設計
2.市場調查	2.整合歸納	2.空間設計
3.觀察	3.特色與附加價值	3.營運設計
4.訪談	4.優先順序	
	5.整體規劃設計	

餐飲業是講求與人交流的產業，唯有重視顧客的需求才能長久經營。上圖為「ivette café」。

流程一：研究市場

研究市場是為了解消費者的喜好與反應，一方面借鏡失敗的案例，另一方面也能找尋自己品牌理念的方向。風格沒有好壞，大部分的人也不會特別討厭哪種風格，但怎麼取決呈現的風格絕非單看個人喜好，而應依循品牌所要呈現的樣貌，所以透過研究市場來反思自我品牌是必要的。

在參考分析其他餐飲業者的優點特性時，最主要了解的是其品牌的理念，進而觀察「營運」與「設計」這兩大部分是如何一致呈現於顧客體驗中。因為做華麗漂亮的設計固然吸睛亮眼，但如何透過設計呈現品牌價值，使餐廳的顧客能體驗到就是一門學問了！所以在研究市場時，最重要的就是反覆檢視成功餐廳的理念與設計，以及其如何呈現與落實品牌的精神。

研究市場的方法有很多種，可從政府公開數據、財經報雜誌或是廠商提供的相關資訊，這些資料對想了解市場的創業者來說有莫大的助益，也能協助判斷作決策，但不要陷入被少數人意見左右的窘境中，最好從各種方法與方面做功課：

方法 1：資料蒐集
從過去的資料統計或是文獻書籍，擷取自己所需的部分，進而整理成自己所需的品牌資料，避免自身思考的內容偏離市場，也可以補足自己欠缺的領域。

方法 2：市場調查
藉由網路問卷或實體問卷等統計顧客意見，與資料收集比起來更能依據自己的需求得到答案，但比較花時間與人力去設計分析。

方法 3：觀察
從生活中就能研究市場的方法，就是從排隊人數多的現象就能理解其必定為較受歡迎的店家，除了餐點美味的原因外，可能是因經營模式是符合大眾需求的，或是顧客其實喜歡的是店家的包裝與用餐氣氛，這些都值得去參考研究。

方法 4：訪談
在與親友或是顧客聊天的過程中，可以了解顧客對不同店家與風格喜好的詳細原因，這些細節也能成為品牌在規劃中的考量。

⟶ 「ivette café」的餐點不定期根據潮流趨勢、顧客回饋更新菜色。

流程二：定義品牌理念的內容

確定自己的品牌／經營理念後，就要開始客觀思考自己的品牌定位，從顧客、地點、商品、價格、店鋪、待客、行銷、營業時間等面向著手，要留意的是餐飲業是講求與人交流的一個產業，唯有站在顧客的立場、重視顧客需求，才能長久經營。

品牌理念是透過市場調查與自我審視慢慢歸納出來的構想，再由這些構想定義出理念的內容。闡述的步驟可參考以下 5 個步驟。

步驟 1：市場類型

分別有產品及顧客兩大面向。

產品	料理方式	如燉、炒、蒸、炸等
	飲食文化	如中式、西式、義式等
	餐飲內容	如開胃菜、主菜、湯品、點心、飲料等
	其他	如食材挑選、餐具配件、外帶包裝等

顧客	價位	如學生餐、商業簡餐、精緻飲食等
	用餐目的	如商談、家庭聚餐、社交聚會、嚐鮮踩點等
	年齡層	如嬰幼兒、年輕人、中年人、老年人等
	地點	如夜市、百貨、商圈、社區住家、捷運周邊等
	時段	如早餐、早午餐、午餐、晚餐、宵夜等
	其他	如素食者、健身族群

來自夏威夷傳統美食 Poke Bowl 新鮮營養與豐富的配料，讓許多女性和健身人士特別偏愛。上圖為「ivette café」的夏威夷鮭魚藜麥丼。

步驟 2：整合歸納

可使用「交叉思考」及「競爭者分析」兩種方法進行。前者是指影響餐飲類型的元素很多，從餐點到顧客之間一定有互相影響的關係，交叉思考其中的關係後，就能慢慢找出品牌的定位；後者是除了自己做出品牌表格外，透過整理競爭對手的資料，可更了解與自己品牌相似的競爭對手，藉此比較與檢討，歸納出自己的優勢與差異化。

步驟 3：特色與附加價值

如果只是一味地模仿學習他人，那就得想清楚為什麼顧客要選擇你的品牌而不是他人的？因此若想從餐飲相關元素中發展出無可取代性的特色，不一定要另外做出一個特色，也可能是把既有的優點深入發展成特色。

「ivette café」引進澳式生活美學與獨家食譜，嚴選食材落實環境永續經營及綠色採購原則，供應不同飲食需求，如純素、奶蛋素、無麥麩、無過敏原……等。

步驟 4：優先順序

從第一步已經把現有與缺乏的資源都列出來，並在步驟三中思考自己品牌的價值所在，由此可以認清對於自己品牌最主要的特色是什麼？以及釐清自己的喜好與目前品牌方向的關係，並優先以品牌方向為考量，而非個人的喜好。

步驟 5：整體規劃設計

從上述步驟中已經可以明確的了解到組成品牌的架構與關係，再來思考整體規劃該如何呼應品牌中的理念，將理念具象化成為與顧客的接觸點，並把理念清楚地傳達給專業的設計師，進行良好的溝通。

「ivette café」餐點講求以新鮮的時令食材和烹調方法襯托出自然風味，在店內規劃了一區花草溫室，餐點中使用的食用花、薄荷等皆在自己店內種植。

流程三：理念的轉化與呈現

在轉化到與顧客的接觸點如空間設計或平面設計時，皆要遵循企業識別系統（CIS）與企業理念，盡量製造視覺鮮明、大膽，但又簡單的設計。更多關於品牌理念如何轉化呈現到空間及平面設計，乃至於形成完整的顧客體驗，在本書 Step 4 單元將作更深入的說明。

從頭到尾考慮以上這些問題，釐清之後不僅增進對自身的了解，可在開業之前向相關專業人士請益、討論，例如：不動產業者、裝潢設計業者、投資者、家人、員工等，也唯有如此，才能有效向顧客傳遞品牌訊息。

包裝設計也可以用來傳達品牌的精神。

設計戰略思考	1. 品牌定位三進程：研究市場→定義品牌理念內容→呈現理念。
	2. 搭上世界潮流趨勢的同時，要思考如何從「品牌定位」切題再延伸。
	3. 研究市場要採取客觀數據化的評估，「憑感覺」非常危險。

2-4　　體驗設計，當代餐飲空間必備

先引述《維基百科》對於體驗設計的解釋，好對名詞有個初步的了解。「體驗設計（Experience Design，簡稱 XD）」是一套在設計產品、工藝、服務、活動、全通路行銷及環境設計等領域中，專注於使用者體驗及文化性的解決方案。作為一個新興的學門，體驗設計融合了來自許多其他學科的專業，包括品牌戰略、品牌定位、室內設計、認知心理學、產品設計、互動設計、服務設計、資訊技術和設計思考等等。　在商業方面，體驗設計是用來創造一些時刻，透過人與人、人與品牌間的互動、接觸點的掌握，進而創造出想法、情緒和回憶。商業上的體驗設計也被稱為消費者經驗設計。」接下來，本章將以體驗設計為出發，探討開餐廳創業在當代所需要的基本概念。

「井井咖啡廳」選用特製手沖架，帶給顧客不同的視覺體驗。

一杯好咖啡所帶來的完整體驗

回憶你最喜歡去的咖啡廳經驗，想像一下喝著你最喜歡的咖啡，最初可能是經由朋友介紹，或是看到部落客的推薦，坐在咖啡廳裡面對的可能是採光良好的大片落地窗，空氣中散發著磨豆的陣陣香氣，聽著音樂、喝著咖啡；也有可能你正坐在吧檯前面，老闆偶爾親切的詢問，並講述著生動的咖啡故事，店內擺放許多老闆到各地旅行的收藏……等，類似的體驗總是令我們印象深刻，並且時常回來光顧，很多時候，這就是一個商業實體店的成功關鍵。

從產品到體驗的三種層次：產品、技藝、文化價值

仔細探究原因，除了咖啡本身，背後還有許多相互支撐的服務與文化。簡單地說，類似像這樣的體驗其實包含了三種層次。最底層的是過去我們所熟悉的產品，也就是這杯咖啡多少錢，好不好喝，傳統的店家大部分能夠經營地夠久，都是由於產品本身很好或是很有特色；而第二個層次是在追求顧客滿意的過程中所發展出技藝的純熟與創新，同時必須兼顧人性化服務；最後經過時間的累積，所產出相對應且看似無形的文化價值，例如故事與品牌價值等等便是第三個層次。因此完整的消費體驗所包含的是產品、技藝以及文化面向的綜合。

完整的消費體驗所包含的是產品、技藝以及文化面向的綜合。

從顧客旅程架構，理解體驗設計

在我的觀察中，有的咖啡店主往往很執著在生產一杯特殊的咖啡，卻完全不在意顧客在消費時的過程，這樣的情況反映在開店上，常常是店主擁有好的創業想法，卻只專注於開餐廳的當下，或只關注餐點本身，而缺乏理解顧客與消費過程的種種互動。

透過理性的分析與研究，我們了解到好的消費體驗流程，是顧客從意識、考慮、購買並透過經驗再到不斷回購的過程。一個長久的生意或是品牌，都必須努力地達成正向的迴圈，因此成功的餐廳服務必須要在每個階段持續推動顧客邁入下一個階段。一開始可能是好的行銷或是口碑，再來可能是更好的產品，下一階段是好的服務，延伸到周邊的商品，再到傳播管道，即便是離開的顧客，我們也應該努力讓顧客重新回到意識的階段，成為此迴圈的消費者。

顧客旅程分析圖

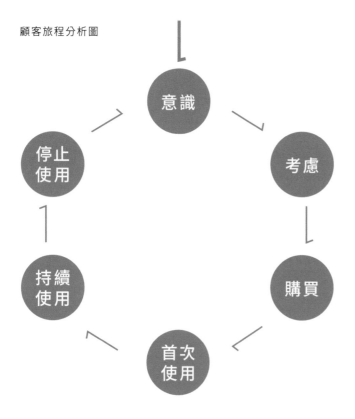

想像一下餐廳就是一個表演場所，就像電影理論裡常見的劇情分析圖（Plot diagram）將故事劇情分為角色說明（exposition）、劇情鋪陳（Rising action）、高潮（Climax）、故事收尾（Falling action）和結局（Resolution）五個階段，類似中文作文起、承、轉、合的敘述技巧，而餐廳可以依照這樣的邏輯去設計。

從電影理論理解顧客體驗流程

以下簡單用西餐舉例，從電影理論來理解顧客體驗流程：

角色說明：顧客走進一家餐廳，溫馨舒適的空間令人覺得放鬆，這時訓練有素的接待人員開始導引帶位。
劇情鋪陳：顧客開始點餐，服務生專業的解說，並適時地推薦招牌菜餚，一旁的開放式的廚房讓廚師製作餐點的過程一覽無遺。
高潮：服務生上菜，吸睛的料理擺盤，在美妙的音樂伴隨下，享受主廚精心烹飪的美味佳餚。
故事收尾：顧客用完所有菜餚後，服務人員整理桌面，並開始餐後點心飲品服務。
結局：服務生結帳服務，親切的送客，並歡迎下次再度光臨。

從訂位到顧客親臨現場，服務人員開始接待引導入座，顧客開始點菜、挑酒、上菜，品嚐佳餚到結帳買單，而這中間的過程可以是相當豐富，包含與店員的互動聊天或甚至坐在吧台看主廚與調酒師的表演，也可以在店裡隨便逛逛或是去洗手間等，一個好的餐飲體驗就如同看一場表演或是電影一樣，會讓你回味無窮。

最棒的體驗設計就是讓顧客每一次來都有豐富的體驗，因為不同的目的與時間會有不同的體驗，長久之後顧客能變成忠實客戶，會在不同的日子及節慶帶著家人朋友前來，甚至會為了與店主聊聊而光顧店家，試著回想一下在生活過程中是否有這樣的店家呢？

體驗設計的價值

體驗設計所帶來的效益，不只反映在銷售結果以及品牌價值上，成功的品牌更需禁得起時間的考驗。其中最為人所熟知的例子就是星巴克。於 1971 年創立的星巴克數十年來就是如此不斷地在消費體驗流程的迴圈中創造出屬於品牌的價值與文化。繼西雅圖市區的「Starbucks Reserve Roastery & Tasting Room」於 2014 年開始營運後，2017 年底於上海新開幕的星巴克「精品烘焙坊」被形容為「全感官體驗的咖啡樂園」，這座目前佔地面積最大的旗艦門市不僅打造了星巴克史上最長的咖啡吧台，讓消費者花時間駐足、逗留，享受從生豆到烘焙、研磨和沖煮的咖啡之旅，也運用最新科技，包括實境體驗（AR）與更便捷的付款流程，把服務帶往新層次，也為全方位的體驗設計翻開新的一頁。儘管不刻意講究工藝職人的風格與獨特性，星巴克依舊利用了自動化的設備與創新想法，讓人體驗到既精緻又多元的星巴克模式，將產品、服務與文化都完整的呈現在消費者眼前。

設計戰略思考	**1.** 體驗設計的概念：從顧客旅程中找到品牌與之最佳接觸點加以放大優化，形成記憶點進而成為忠實顧客。 **2.** 體驗設計需要不斷優化，推陳出新，才能形成持續銷費的迴圈。 **3.** 善用科技和數據分析輔助體驗設計的升級優化。

⟶ 星巴克臻選上海烘焙工房，用自動化設備確保商品有一致品質，並創造完整的咖啡旅程體驗。

Step.3
檢視自己的商業模式：
要開什麼類型的餐廳？

3-1　從品牌定位擘劃商業模式

在釐清創業或是轉型的原因之後，就是要開始思考商業模式以及產品（菜單），每家餐廳會依據品牌定位而延伸出適合的商業模式，而店主的背景及優勢條件也是影響商業模式的重要因素，除了評估自己自身的條件，也需要彙整需要尋求外部資源協助的項目。資訊爆炸的時代，市場上各種商業模式層出不窮，不論是創業或轉型都應具備創新性與獨特性，不應該一味的跟風或是抄襲，而是要多方了解評估並找出最適合自己的商業模式。

進入餐飲業的類型

在決定開一家餐廳時，必須做好品牌定位，才能把力氣與資源做最大效益化，對於餐廳樣貌的塑造也會更加清晰。經營與策略型態則會影響餐廳的營運模式與機能設置，服務對象與消費模式也會影響到餐廳內的風格設計與經費預算，時間與地域也會影響到設計想法和細節，本單元分別就定位與設計的關係做探討，供讀者參酌。

開店創業的動機	可能碰到的問題
自己掌握餐廳的核心價值（廚師）	不擅長經營管理
二代接手父母的店	家族溝通與人事問題
餐飲產業相關背景跨界	不了解實體店面的營運
沒有任何相關經驗背景就是圓一個夢	缺乏資源，產品的核心價值掌握在他人手中

餐飲經營與策略型態

餐廳的經營及策略型態會直接影響其設計規劃,簡單來說,業者想要開一家什麼樣的餐廳?
現今餐飲業不再侷限於時段及供應的菜色,具創意的主題餐廳現今也十分流行,每種經營方
式都有不同的運作邏輯與系統,設計的基礎就在於規劃符合其營運機能的空間,甚至進一步
設計出獨特性。以下簡單介紹幾種經營型態的設計重點,供讀者參考。

一、品牌旗艦店餐廳

以完整的餐飲品牌來說,除了提供飲食的場所外,也希望能呈現品牌的價值,因此從食材挑
選、烹飪方法到最後呈現的擺盤餐具都將經過縝密的思考,有時也會將烹飪的器具或選用的
食材融入於空間設計中,抑或是把內場廚房的烹飪過程,部分透明化對顧客展示,達到觀摩、
參與體驗,甚至是表演目的。

柏克金餐酒集團延伸啤酒佐餐的概念創立新品牌「BUCKSKIN YAKINIKU 柏克金燒肉屋」。

二、連鎖餐廳

連鎖餐廳重點在於品牌的整體建構、系統與流程的建立，如果想要建立一系列的連鎖店，通常需要尋找專業的團隊，從產品設定、品牌設計，一直到室內設計，都必須整合良好，創業的資本也相對較高，然而一旦營運順利之後，就能夠快速地複製，也可以採取開放加盟的方式擴張，通常開店會以百貨商場為主。

三、特色（主題）餐廳

開特色店餐廳的目的，很常見以廚師的廚藝或理想為主，依據主廚的想法量身定做的一間餐廳，例如精緻餐飲。也有一些餐飲創業家試圖在營運方式或體驗上做創新，但也離不開主廚的配合與支持。特色店的類型很多，近年來餐廳並不完全著重在餐飲本身，像是啤酒主題餐廳、重機車餐廳、女僕咖啡廳、卡通主題餐廳（如 Hello Kitty……）等，顧客主要目的是去體驗特殊的空間氛圍，此時空間設計更為重要。

連鎖餐飲「開丼 燒肉 vs 丼飯」建立完整的企業識別系統，展現品牌的一致性及標準化專業形象。

四、小型平價餐聽或外帶店

餐飲業一直都適合小資本額創業，簡單的簡餐或是飲料店都是十分適合入手的，適當的份量，十分受到忙碌的上班族或是消費預算低的顧客喜愛，也可以選擇加盟模式。一般在商業區的街邊的一樓店面或是住宅區附近，都是非常好的位置，或是利用小型攤車（胖卡）或手推車，都可以搖身一變改裝成小型外帶店。

台灣業者前進大陸開設的飲料店「虎茶不馬虎」。

五、複合式餐飲

咖啡店或餐廳一直以來都是，人潮聚集的地方，隨著餐飲文化的多元發展，許多企業與品牌開始想要藉由消費者需要飲食的基本需求，傳達本身品牌的獨特價值，例如：BENZ Café、歐舒丹咖啡等；採異業聯盟經營型態的餐飲業也愈來愈流行，如日本目前最流行的書店咖啡廳 Marunouchi Reading Style (in Kitte)，即是結合書店、咖啡廳與生活用品，回歸到生活核心的一種經營方式，卻走出不一樣的價值創新。

當有明確的經營理念，透過市場研究定義品牌，並訂立好餐飲的經營與策略型態後，再開始考慮店鋪主要賣什麼、商品的種類──「業種」；以及如何去販售、經營模式 ──「業態」，對經營者來說瞭解市場，並從中找到合適的產品及銷售通路是相當重要的。

設計戰略思考

1. 不同專業背景介入餐飲市場，需仔細自身優勢與能力缺口，設定商業模式。
2. 餐廳店型日新月異，不變的是要根據自身類型，回到品牌定位，擬出自己的經營之道。

「ivette café」二樓闢出一區販售店主的特色選貨「select ivette」，展售店主精選國內外設計家居用品，也定期舉辦活動，讓這個空間不只賣商品，也販賣生活。

3-2　達人專訪：餐飲創業──楊哲瑋

時事網路數據大分析網站──網路溫度計調查「燒肉丼品牌」的網路聲量，「開丼 燒肉 vs 丼飯」連續 4 年第一名，儼然是網友心目中的燒肉丼第一品牌，也曾首開先例與華納 DC 公司聯名行銷電影《正義聯盟》，為超級英雄研發燒肉鳳梨酥、英雄燒肉丼。除了自創品牌屢創佳績，2017 年代理日本品牌「ZAKUZAKU 棒棒泡芙」，也成為當年度爆紅的排隊美食，幕後的操刀人是杰立餐飲集團、同時也是「開丼」創辦人楊哲瑋，手上的餐飲品牌看似每擊必中，楊哲瑋卻謙虛地說自己並非次次眼光精準，也是在創業途中「做中學」，從失敗的經驗找接近成功的路。

2008 年在上海創立第一個品牌「元將軍」，主攻牛丼與壽喜燒市場，剛開始因上海少見餐廳賣壽喜燒，最初消費者反應熱烈，蜜月期一過生意每況愈下，楊哲瑋在第一線觀察消費者的反饋，將壽喜燒醬汁調整成符合上海人習慣喝湯的口味，既維持產品的新奇度，也保有熟悉的味道，這個經驗讓他驚覺所有的差異化都應該建立在消費者能理解的基礎上。調整產品後人潮也見回流，便著手開第二、三間店。過程中他發現上海市場瞬息萬變，創業者滿手籌碼、撒錢不眨眼。開業一年內，當地基本月薪就從 1600 元人民幣調升為 2800 元，人事成本瞬間增加 75%；物色下一個店面時，看上非常好的地段，但店租涉及大筆資金，要徵詢股東意見，2 個小時再回來，店面就被租走了！在上海創業 3 年，雖然未能繼續，卻獲得寶貴的實戰經驗。2012 年帶著上海創業經歷回台成立杰立餐飲，以元將軍、開丼這兩個品牌做為起點，繼續他的餐飲事業闖關路。

不斷嘗試、持續調整，尋找會「中」的組合

吃飯是人每天要做的事，不只維持生命所需、滿足口腹之慾，也有交流情感、社交、甚至炫耀的成分，因此楊哲瑋以餐飲作為創業起點，也是看中這個剛需市場。回台之後，移植上海元將軍的經驗，在威秀開了第一家店，菜單原封不動從上海搬過來，賣丼飯、壽喜燒，不過這類型餐廳在台灣比

比皆是，特色不強消費者反應平平，又動念開街邊店，於是撤出威秀，將店遷到政治大學附近。他結合日本考察時的觀察與自己的用餐經驗，平時想吃燒肉就要約人很難想吃就去，如果推出一人份的燒肉丼，附上配菜，想吃就去同時消費門檻也不高，因此便創立兼賣燒肉丼的品牌「開丼」，她提到當時一代店菜單很雜，有燒肉丼、丼飯、壽喜燒，價位大約 100 元出頭，一開始生意很好，但很快就掉下去，在一年內虧光股本，為了找出活路勢必要做出大改變，他做的第一件事就是替菜單瘦身，把到處都有特色不強的丼飯、壽喜燒刪除，6、7 年前流行單品專門店，強調職人精神，他就往這個方向思考調整方向，鎖定菜單中的燒肉丼作為核心主打，調整為燒肉丼專門店，並喊出是「地表最強燒肉丼」，提升牛肉食材等級，研發更多燒肉丼選項，同時提高客單價，並打算進入百貨設店，產品做好了，他卻覺得往店面設計裝潢都是自己畫圖找工班施作，似乎不足以在餐飲品牌林立的百貨中脫穎而出，因此便開始面試設計師，尋求專業的協助，也因此舉認識了直學設計，開啟之後的設計委託。

杰立餐飲集團創辦人 楊哲瑋

政大 MBA 畢業，在上海開啟餐飲創業之路，2012 年回台成立杰立餐飲，是一個年輕具專業經驗與國際化的餐飲團隊，多變創新的理念不斷在台灣創造話題與食尚傳奇。 秉持三大經營理念「HOT BLOOD 熱血」、「COOL BRAIN 專業」與「TEAM SPIRIT 團結」，共同創造台灣新餐飲文化，將夥伴當家人、同心協力，將客人當朋友、真心對待，將自己當敵人、挑戰成長，為餐飲市場注入新的觀念與態度。旗下品牌有元將軍、開丼、LOBA 台灣傳統小吃，與新饗公司共同合作 CAPTAIN LOBSTER 及龍石鍋物，代理日本知名甜點 ZAKUZAKU。

講完自己的想法，設計師卻問營運邏輯是什麼

回想開第一家店時，楊哲瑋說：「因為當時資源有限也還不那麼懂，就憑著自己的想法先開始做，從鑽研產品出發，店面就自己畫圖找工班做，後來開了4、5家店，有了一些經驗也自認已經很懂了，直到認識家皓之後才發現還有很多不足的地方。打算做丼二代店時，公司內的夥伴找了十幾家設計公司，從中挑了5家『面試』，我還記得和家皓第一次約的時候，洋洋灑灑講了自己想賣什麼，對店樣貌的想像，結果他劈頭就問這間店營運邏輯是什麼，他看不太懂，當下我都傻了，他是第一個這麼問我的設計師，當我嘗試整理說出營運方式之後，家皓才拿出他們團隊準備的資料開始說明。比起風格美感設計，他更在意業主的營運思考，並為創造出有利餐廳運作的設計。舉例來說，業主提出想加客席的想法，我會期待設計師從椅子尺寸和走道合理寬度、動線是否不順受阻等面向給予建議，據此來決定能否增加座位，而不是業主說加就加，不但犧牲了顧客體驗，也讓工作人員服務過程受阻降低效率。」

餐廳空間是要使用，不只是拿來看，體驗也包含好不好用，好不好坐，好不好走，用起來順不順手，設計是否合理，只是裝潢得很 fancy 到了實際營運時常常會出狀況。設計師懂餐飲，對業主來說溝通與進行的過程會事半功倍，如果碰到不懂餐廳的設計師，業主除了要確認設計是否切合品牌核心之外，還要注意尺寸、動線是否合理，設備這樣放實際操作順手嗎？會不會出問題，這些最終都關係到錢，工時乘上時薪就是費用，空間運作有效率，原本要7個人的工作可以用5個人就完成，就為業主省下2個人的人事開銷；完成一個服務流程從若從10分鐘變成6分鐘，大大提高餐期的出餐效率，就能有效創收。

餐飲空間設計師必須站在業主立場思考這些問題，才能真正解決餐飲創業者的痛點，至於切合品牌的設計元素、風格美感等等，現在受過完整設計培育的設計師或經驗豐富的餐飲品牌業主應該都不難勝任，在做餐飲商空設計的從業人員，應該要轉換思維，提供業主真正能幫助商業營運的設計解決方案。

從事商空設計多年，遇到初次開店、還處在夢想大於現實的情境中的人，詢問他們對營運方式的想法，有很大的比例是回答不太出來，因此身為餐飲商空設計師，經常也會肩負引導創業者做出營運計劃的顧問角色，如果不具備餐飲空間及營運的知識，該如何給予業主方向以降低他們失敗的風險？就像醫師有專業分科，設計也該有專業分科，這樣才能真正對症解決問題，給予專業建議，逐步提升產業競爭力。

從品牌核心價值延伸體驗設計

經過第一次面談後，雙方理念不謀而合，便開始著手進行開丼二代店的規劃，從燒肉店氛圍汲取靈感設定採用黑、橘兩色，作為 VI 與空間的視覺主色，再導入磚、鐵件、鐵網等材質呈現燒肉與職人的意象，並在店內設計了一面燒烤用道具主題牆，藉此讓顧客聯想店家想傳達的品牌精神──燒肉職人做的燒肉丼飯。由餐飲業主提供品牌核心價值，設計師據此延伸設計主題與採用元素，與品牌連結，把抽象的品牌精神在空間中具體呈現對的氛圍，讓顧客到店用餐時沉浸在品牌提供的五感體驗之中。

楊哲瑋提到：「和家皓合作之後，感覺自己的品牌變得更強、更完整，像是大品牌，這是以往自己憑感覺東拼西湊發包給工班裝潢店面時達不到的完整度，後來覺得這樣的差異，來自於透過完整的體驗設計讓顧客直接感受到品牌的價值。」這次二代店的華麗轉身大獲成功，隨後就進入瘋狂展店期，一連開了十幾家店，對於大品牌來說快速擴點不是什麼大問題，但對於初嘗成功果實的杰立來說，資源不足，當時還沒有大團隊，因此用內部加盟的方式來達成快速拓點的階段性計劃，成立中央廚房是一個契機，總部剛好有員工想離開創業，就想出讓員工入股的方式做內部創業，也藉此讓開丼跨出台北，拓展外縣市分店。不過過了那段時期後，還是回到直營分店的路線，畢竟開店就是為了賺錢，如果加盟主自己的配方或方法生意更好，為什麼要遵守總部的 SOP，楊哲偉認為如果很在意品牌一致性，還是會降低加盟比例走向直營店，才能確保品牌形象「不走鐘」。

建立品牌口碑拓展能見度

楊哲瑋提到，認為建立品牌第一件事，就是建立明確的定位，第二是讓越多人知道越好，開丼成立初期有做部落客行銷，只做了一小段時間就有效擴散，第三階段則委託公關公司操刀，主要幫品牌和媒體牽線，那段時間在電視、雜誌、新聞、網媒頻繁曝光，透過主流專業媒體的報導，建立消費者對品牌的信任感，每三個月上新菜時邀請媒體自由參加來試菜，從產品、體驗到行銷多管齊下，努力的成果是曾連續四年上網路溫度計網友票選燒肉丼品牌第一名，這也應證了「要怎麼收穫，先那麼栽」。

在開丼發展的過程中，楊哲瑋體認到專業分工的重要性，他說：「術業有專攻，委託專做餐飲的設計師，專做餐飲的公關公司，使用專做餐飲的管理系統、POS 機，能對準產業特性給予到位服務，不用花時間在對接應或來回溝通理所當然要理解的產業知識，對於餐飲業主來說更能把時間花在鑽研市場與產品，提升品牌力上面。」

以「餐飲集團」之姿擴張版圖

現在杰力餐飲旗下有燒肉丼、滷肉飯、龍蝦堡、龍蝦火鍋、泡芙等多個品牌線，有自創品牌，有與食材進口商合作的品牌，也代理海外品牌，儼然是餐飲集團的規模，經歷了多品牌的發展策略階段，楊哲瑋現在有不同的想法：「其實我們是同一群人在做燒肉丼、滷肉飯、泡芙，經歷了這些過程之後，成果有好有壞，確實多品牌會觸及不同的消費族群，但每個品牌都必須說服人，這是選擇，不是捷徑。擴張的目的是要成長，成長的策略有很多，就看品牌主有多少資源、如何選擇要走的路。以目前集杰立餐飲的規模，還不到一次投入多品牌到市場、只要中 1、2 個就能擴張到百家以上分店的階段，回頭檢討會覺得與其花時間做新的事，為什麼不回過頭把已建立的優勢深耕擴大，目前自己的能力還不夠把資源拉出去鑽研滷肉飯，聘用最強的滷肉飯師傅，把滷肉飯台式小吃做到最厲害，為什麼不聚焦在已有 15 家店的開丼，回到同一品牌的核心，往不同市場複製，或是中價位產品往高價位延伸，是不是更有把握。」

同時他也認為，團隊的能量，要和企業發展的策略吻合。目前開丼的主廚開第一家時就在，二代店他也參與其中，研發了許多叫好叫座的菜色。做產品定位方向的人，要能分析消費者需求，了解市場，現在也在訓練這位主廚往行政主廚的位階思考。有團隊才有拓展的本錢，內部人才升級也是品牌重要的核心工作之一。

往海外發展的挑戰

餐飲業現在是快時尚產業，有太多品牌爆紅後不到一年內就消失，確實行銷得宜很容易在短時間內做到爆量，但能維持多久，還是只紅一次？開拓海外市場，楊哲偉認為技術性的問題都有辦法克服，以他在上海創業的經驗，如何在一個市場建立對自己的品牌印象，並轉化成當地人感興趣能接受的產品，才是最大的考驗，要常常想來吃，又要常保新鮮感，而不是來吃一次就不來了。

從菜單矩陣與顧客回饋找缺口

餐飲業最忌諱：老闆喜歡吃，客人說 A 改 A 隨波逐流。開丼三個月就要推出新菜單，研發菜色是相當數據科學的，將菜單攤開，X 軸是牛豬雞，Y 軸是客單價級距，填入銷售率，一對照馬上看出什麼其實不用賣，還有哪裡有缺口。發現產品缺口之後，再觀察市場趨勢潮流，從銷售的策略研發新菜色。楊哲瑋舉了一個例子：「之前發現菜單上豬肉燒肉丼缺高單價產品，當時市場上伊比利豬正火紅，菜色研發團隊便從這裡開始研究，伊比利豬要怎麼做，舒肥還是燒烤……搭上潮流話題。至於為什麼我們是 3 個月推出一次新菜，從顧客意見調查得到的反饋，客人平均 4-6 個月來一次，為了吸引顧客回流，用 3 個月推出新品試圖縮短客人回流的週期，也持續帶給顧客新鮮感。」

對台灣餐飲未來的期許

一位從事餐飲教育創投家提出這樣的說法：台灣是餐飲產業的矽谷，人才多資源多容易組成團隊；土壤夠肥容易長出成果。台灣相對來說房租低，人才相對較便宜，餐飲創業法規、成本等門檻較低，太多白手起家的成功創業案例，很容易把一個商業模式從零到一做出來，是很好的餐飲實驗場，這必須要在市場夠成熟、人要夠厲害，但成本又要夠低的環境才能發生。

「有次去日本考察東京排隊名店，一家日本店門口大約排了 3、4 個人，旁邊的鹿角巷排了一圈，突然驚覺自己去東京考察卻看到台灣品牌也在海外發光發熱，只想著要看別人怎麼做，卻忽略了在地有的優勢。」身為年輕餐飲創業者，楊哲瑋身邊很多做不同餐飲專門店的朋友，他想著如果能一起進軍海外市場，建立台灣品牌的印象，其實是很具優勢的，但首先自己要先成功跨出去，才有機會實踐這個夢想。

3-3

第一階段—
餐飲業種與業態的選擇

決定核心新價值要創業之後，大部分的創業者，都有概念要選擇哪樣的業種，例如飲料店或是義大利麵店、拉麵店、比薩店。然而此時更重要的，就是訂出自己想要的業態，業態就是以顧客的方向思考，訂出獨特享受餐飲的理念與方式，具體地讓客人感受到餐廳的理念。

餐飲業種分析

業種是以「經營的商品種類」區分，而業態是指「經營的型態」，市場上有需多競爭對手，塑造顧客來消費的動機，才能使後續的流程更順利，並走出自己獨特的經營方式。也因此創業必須先釐清自己開店的動機之後，決定自己想要的業態與業種，而這可以再開店之初，衡量自己的能力以及理想來抉擇。

業 種	壽司	西餐	早餐
業 態	迴轉壽司 傳統台前	傳統法式餐廳 美式餐廳 義式餐廳	北方燒餅油條 西式三明治 澳洲式早午餐

餐廳定位影響業態選擇

在決定開一家餐廳時，必須做好品牌定位，才能把力氣與資源做最大效益化，對於餐廳樣貌的塑造也會更加清晰。服務對象與消費模式也會影響到餐廳內的風格設計與經費預算，經營與策略型態則會影響餐廳的營運模式與機能設置，時間與地域也會影響到設計想法和細節，茲分別以上述定位與設計的關係做探討如下，供讀者參酌。

「上善豆家」在開店之初即有明確定位，主打手作豆腐蔬食料理，餐點選擇眾多，主要客群為家庭及長輩聚餐。

釐清服務對象與消費模式

餐廳設計的出發點應該從客群與價位開始，首先要了解餐廳希望吸引的客群，同時因應產品的特性，訂出價位與整體設計的方向。因為餐廳設計時整體的平衡往往最為重要，造價高昂、氣派美觀的裝潢，對於消費預算不高的顧客而言反而有距離感；但若一味追求平實而忽略氣氛的營造，同樣也無法吸引顧客，兩者終將可能被埋沒在日新月異的餐飲業競爭裡。

客群與餐飲設計的關係

一般客群在分類上，很難有比較清晰的界線，大致上可用性別（如女性族群）、年齡或族群來分別（如學生、上班族、情侶、家庭、同好等），下圖以餐廳種類劃分，並依照目標客群，逐項簡介其設計之吸睛重點，掌握顧客的心。

餐廳種類	目標客群	設計重點
高級餐廳	中產階級、美食愛好者	需注意細節、空間設計要有亮點、陳列藝術品
速食餐廳	學生、上班族	通常有外帶服務，包裝及外帶盒為設計重點
咖啡簡餐	女性、情侶、家庭、上班族	以咖啡輕食攬客、注重氛圍營造
咖啡館	女性、上班族	咖啡吧檯設計專業吸睛
中餐廳	中產階級、家庭、聚餐、美食愛好者	中菜出菜講求效率，動線設計為首要考量
西餐廳	中產階級、家庭、聚餐、美食愛好者	主題與氣氛營造是獲得消費者青睞的關鍵
小酒館	中產階級、情侶、上班族	經營者的個人魅力、店內氣氛
酒吧	中產階級、聚餐、上班族	吧檯設計、氣氛營造

價位與餐飲設計的關係

價位也影響著餐廳設計的方向,例如:消費價格在 200 元以下之小吃店或是無內用需求的飲料店,並不需要多餘的室內裝修,反而是平面設計與形象宣傳最為重要,因為大部分顧客在店內的時間不會太久,設計應該簡單明瞭,達到與顧客溝通之目的即可;至於餐點價位在 200 ~ 700 元之間的餐廳,就必須考慮到室內用餐的氣氛與氛圍,此時的設計便佔了很重要的部分,但仍必須節制預算;最後是超過 700 元以上價位的餐廳,則必須注意到許多設計與機能的細節,同時室內設計及品牌營造上應該有許多亮點,才能讓想要享受完整餐飲體驗的顧客獲得滿足。

餐點價位	設計重點
200元內	不需多餘的室內裝修,反而是平面設計與形象建立最為重要。
200~700元	必須考慮到室內用餐的氛圍,但節制預算仍是重點。
700元以上	設計與機能的細節是重點,室內設計與CI應有許多亮點,讓想要享受完整餐飲體驗的人能獲得滿足。

設計戰略思考	
	1. 客群設定與價位訂定,是型塑餐飲空間設計的兩個要點,是籌備前期需確定的要項。
	2. 餐飲品牌定位後,要提供對價的產品、服務及體驗,過猶不及都不利長久經營。
	3. 選擇經營的餐飲業態,開店動機是核心關鍵。

3-4 第二階段—
設計產品（菜單）的重點

餐廳最核心的部分還是會回歸到菜單的規劃與執行，菜單考量的重點通常有兩個：一個是在地口味的延續性，二是創新性，顧客的口味總是會受到過去文化的影響，所以全新的菜品非常難開發，創新的菜色在設定菜單時也一定要衡量大眾的接受度，並要顧及廚房營運的角度。新的商業模式與菜單，需要時間才能獲得消費者的青睞，但可能因此而建立起特色，而好的菜單能讓顧客印象深刻，並使得餐廳獲利，有持續發展及創新的可能性。

菜單設計流程

菜單應遵循品牌定位，細節的設計則可透過研究市場找到市場的缺口，其中包含有需求但未被滿足或是目前雖然未有需求、但以長久來看會變成未來的趨勢。另外符合現在需求的餐點設計，優勢是顧客可以很容易接受，但也容易遇到許多競業的對手，例如高性價比的餐點；而符合未來市場需求的餐點，例如注重健康的料理，則是需要時間或是資本的支持。

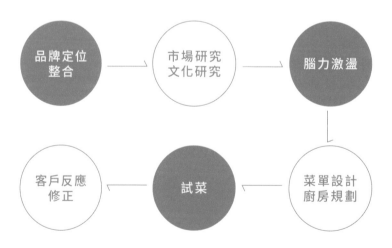

位於台中中港路 Jmall 商場的「一式
排骨」，提供六式套餐選擇，將台式
樸實美味重新詮釋。

菜單設計延續品牌定位並提出獨特價值的主張

不論是創業或是轉型，新開店菜單最好都具有創新性，或至少在美學上要跟得上時代。創新
的可能性百種，例如符合新型態的消費模式與潮流，舉例來說燒肉變成立吞立食的方式；或
產品在製作上的創新，像是使用新式的蒸烤箱來做料理；又或者在體驗上的創新，像是近幾
年來許多精緻餐飲都增加了氣味或是視覺上的等用不同的切入點帶給顧客驚喜。

菜單開發的各種可能性

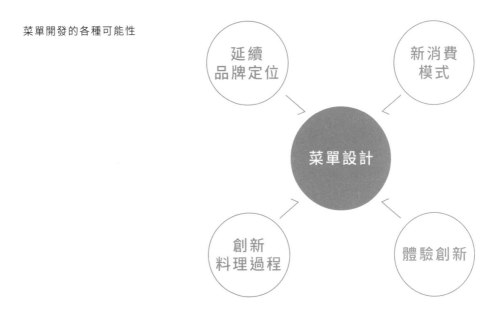

菜單／產品設計的重點

菜單設計需要依照餐廳種類及定位規劃設定，以下是菜單設計的幾項重點：

一、菜單的結構與廚房人力配置息息相關

設計良好的菜單要能夠讓顧客擁有絕佳的用餐體驗，但也應該評估廚房的人力，複雜度高的菜色不能過多，同時食材應有些許的共用性，以免造成廚房太大壓力，例如需要高翻桌率的餐廳，菜單應該簡化以加速餐點製作速度。而中西餐架構不同，價位也會影響菜單本身的複雜度，中餐的速度較快，顧客可能都希望上餐速度快些，高級西餐則講究餐點的順序，並搭配餐酒。

二、設定平均客單價

平均客單是每一個顧客用餐後所付的價錢，一般來說會是餐點加上飲料的總價，再加上服務費。平均客單必須符合當初的品牌定位與初衷，這也是顧客用完餐後最終的考量。餐點價錢需要配合成本來做設定，開店初期比較難細算成本，所以通常都是依據食材成本照比例計算，或參考同業的定價（例如類比定價法），當餐廳上軌道之後，就可以採用食材成本定價以及考量獲利的毛利率定價法等。

三、套餐或單點

套餐適合中低價位，例如速食餐廳或是美食街商店搭配套餐除了方便選擇之外，通常也帶有折價的意涵，來鼓勵客人多消費增加客單價；中價位以上的餐廳則建議單點居多也可減少浪費，讓客人有多樣的選擇。

另外在西餐裡，套餐稱為「set menu」，通常是表示餐廳幫顧客做完整的搭配，以獲得最佳的體驗，單點型的餐廳則稱為「a la carte」，而吃到飽的餐廳或自助餐「buffet」，通常是規劃在飯店或特殊大型餐廳中。

四、設定「特色商品」

菜單在滿足顧客的各項需求之餘，也應該有自己的特色，最好是符合自己品牌的特色餐點，用以展現餐廳的特色，打造容易讓人驚豔或具有記憶點的一連串體驗，此外如有一兩道經濟實惠的特色菜，讓顧客覺得超值也可增加整體營業額。

餐廳的平面製作物要
遵循 VI 設計原則。

五、攝影與版面設計

餐單的設計與排版應符合營業的狀態與效率，外帶飲料店的菜單通常是一頁式並輔以電視或看板，咖啡店的菜單則流行板夾式方便更換，一般來說有照片的菜單，一定比較容易閱讀，講求理念的餐廳很多會做成雜誌型態，可以省去大量時間介紹。精緻餐飲因為菜單時常更換，服務夠精緻，就不需要太多的照片，攝影請找專業攝影，並力求可口美觀，但也不應跟實際菜色差距太大。

六、菜單的更新

店家可隨著經驗及顧客的意見，慢慢將菜單修正到最適合的形式，再透過菜單呈現品牌的新價值。經典老店的菜單不需要時常更新，但經典的菜色一定要維持住品質，偶爾有一些新的食材或菜色來提升菜單的精緻度及豐富性。另外，菜單通常無法一次到位，每次的更新可能都反映時代潮流的改變與店家自身實力的精進。

設計戰略思考	1. 菜單是一家餐廳傳遞給顧客核心價值的重要元素，每個環節都需審慎考量。 2. 一家餐廳的營收幾乎來自於菜單上的內容，是否規劃套餐或單點項目多寡，都是根據縝密的營運規劃而來，絕非突然想到。 3. 菜單的設計也須考慮用餐形式，若是平價大眾可讓顧客自己填選，高級餐廳則須搭配桌邊服務。

3-5 第三階段—
從商業模式及產品設定預算並檢驗

前期開發的重點與必要性

隨著市場競爭激烈，品牌設計及好的菜單設計都是開店時非常必要的。在餐廳規劃初期有些成本是一次性的，例如開店之初需要找品牌設計、室內設計（購賣設備器材等），或是餐飲相關顧問的費用都必須攤提。隨便做的設計標誌、菜單規劃與空間設計開業之後很難修正。前期開發一定要在租到點之前啟動，不要等到租到點才開始設計菜單以及品牌系統，尤其是第一次開店的菜色開發應該提早進行。

基本上來說品牌企劃應以及菜單設計該由企業內部發動，通常都是由品牌經理負責，也是整個計畫的核心人物，在有基本架構之後再找尋外部品牌公司支援，最後接續到室內設計。如果菜色開發苦手則應該聘請顧問，但還是以自己熟悉能操作的菜單優先，餐飲近幾年的發展快速，菜色設計沒有一定可以成功的模式，因此走出自己的特色與穩健的營運是唯一的方法，沒有捷徑可循。

人事成本/顧問費	品牌設計費
初步品牌企劃 （品牌經理）	品牌識別規劃 （命名/策略/標誌設計）
菜單開發 （主廚/餐飲顧問）	製作物印刷 （菜單/包裝……等）

前期開發費用預估（一般連鎖餐飲）

「米時 Rice Moment」是一間以米飯為主的創意料理餐廳，視覺風格呼應品牌對於優良器皿與食材的講究要求，以白米、稻禾、與大地的自然原色，描繪了追求清淡飲食及健康生活的理念。

第一次開店費用預估

第一次開店費用是餐飲品牌最重要也是最難估算，雖然是一次性的費用但以中大型店家來說，絕對是一筆不小的費用。第一次開店費用包括人事及企劃費用及品牌設計費用，企劃及菜單開發的費用主要是人事成本，可以計算品牌經理或是主廚的時間成本；品牌設計費用則會根據企業的大小以及品牌的產值有很大的差距，簡單的標誌設計有些可能只需要花費幾萬元，但大型企業可以耗資百萬完製作完整的品牌書，而平面設計及相關製作物的多寡也會有相對的費用產生，而內外裝修費用的更多細節在下段說明。

前 期 開 發 費 用 （一般連鎖餐飲）	
店鋪取得費用 (保證金/租金)	實體空間預算 (設計費/監造費/工程費)
軟體系統預算 (POS系統/音響/保全…等)	設備與器具費用 (廚具/衛浴/家具…等)

一、店鋪取得費用

首當其衝要先拿出第一筆的就是店鋪的租金費用。一般來說租店面需繳交約兩個月左右的保證金，而為了不讓資金空轉，租屋之後就是如火如荼的進行裝潢，一般來說，設計加上裝潢期就是差不多二至三個月的時間，也因此為了這段裝潢期必須準備一筆周轉金，而有效率的設計與施工則可以結省不少店面的租金費用。

二、實體空間預算

裝潢硬體費用是開店最大筆的支出，這筆費用包括了設計費、監造費與工程費用，在開業之初必須審慎的評估，硬體預算較難在租到店面之前估算，但也應該有大概的預算上限，而如果已經有租到地點時，請設計師做大致上的預算概估就會比較精準。設計費及監造則是以坪數計算，通常設計一家店的瑣事極多，因此大多數的設計公司都有最低收費標準。

1. 設計費

與設計師討論的過程中,設計應該盡量以完整的設計呈現之後,再想辦法如何省錢, 尋找替代方案, 如果一開始就因為控制預算,往往設計無法精彩,尤其以第一次開店來說,只能盡力以節省造價的方式,但還是必須力求完美,避免因為有些東西一次無法到位,反而之後要修改,會花更多的錢,裝潢是訂製的事業,修改是非常困難,而且無法做到完美,也因此事前的評估與規劃非常重要,一旦開始,盡量要依原計畫進行,盡量不要邊做邊改。

2. 監造費

監造費用來說是許多人比較不能理解的地方,其實室內設計跟建築設計雷同,屬於全客製的服務,設計案在施工過程中會遇到許多現實狀況的問題(例如物理環境、水電供應設備、空間感等等),必須現場解決,在施工的過程中也可能遇到需要設計修改的地方,此時就必須靠溝通與監督來彌補,也就是「監造」,監造單位與設計單位是一體的,有時候也可以委請第三方來監督,切勿讓施工方自行監造,因為施工方很容易受造價導向影響,而失去當時設計的精神。

3. 工程費

餐廳裝潢費用最大的支出,通常不在美觀以及表面材料,而是在硬體設備決定後,衍生出來的泥作費用與水電配管,硬體以及營運複雜的餐廳,裝潢費用就不會很低,例如精緻西餐,就需要許多特殊建材以及細緻設計,相對應的裝潢費用也會比較高。

三、軟體系統預算

一般來說,軟體系統,例如:弱電系統(POS系統、音響、保全、監視系統等)通常不會包含在裝潢工程裡,因為這些東西通常跟隨著營運的邏輯,同時都有專業的廠商在負責,請事先找好配合的廠商,再跟工程方協調進場時間,有時也可以請設計師介紹,無論如何都應該要在試營運時就可以上線。

四、設備與器具費用

廚具設備可以在開店之前,先洽詢設備廠商詢問,應該會依據菜單與廚師的要求來規劃, 盡量在找到地點的同時請廠商評估設計,此外餐具也是很大筆的費用,可以去專門販賣商用餐具的店面挑選。

以一間 65 坪的義大利麵餐廳為例，裝潢預估成本如下：

工作內容	單價	數量	單位	總價（元）
工程費用	60,000	65	坪	3,900,000
拆除	100,000	1	式	100,000
冷氣	3,000	65	坪	195,000
家具	8,000	87	座位	696,000
衛浴設備	150,000	1	式	150,000
特殊燈具	100,000	1	式	100,000
設計	5,000	40	坪	200,000
監造	150,000	1	式	150,000
			合計	5,491,000

無法事前預估的支出項目

餐廳屬於公共空間，也因此通常會有許多與法規相關的流程需要跑，最主要的是室內裝修審查，而在審查的同時也須注意消防設備的設置，如果有房屋結構的修改與補強也要一併申請，此外也須注意有無違建的問題……等，這些最好請設計師或建築師一併評估，而這一部分的費用，在事前很容易忽略，也較難以預估，因此預算若能多估列臨時支出基金或周轉金，會讓初期建制階段較為從容。此外餐廳是商業用途，水電、瓦斯等等在商用申請時費用相對較高，也需要注意。

試算開業所需要的資金	
1 店鋪取得費用	*保證金 *房屋仲介手續費 *房租 *其他 小計
2 內外裝潢費	*設計以及監造費用 *內外工程費用（拆除、水電、泥作、木工、油漆等） *弱電設備費用（空調 衛浴設備等） *其他 小計
3 器具設備費用	*廚房機具 *收銀機 *電話、傳真 *音響設備 *業務用消耗品 *餐具、調理器具 *其他 小計
4 廣告宣傳費用	*logo、DM、店家名片製作費 *網頁製作費 *發送費 *其他 小計
5 進貨費用	*食材 *消耗品 *其他 小計
6 週轉金	*店銷維持費用 *人事費 *其他 小計
開業資金合計	

Column　開店流程與企劃書

在確定開餐飲店之後，終結上方所說，我做了下方的表格，希望你能夠更確實的將腦海裡的想像填寫出來，這張表格不但能讓自己更了解規劃是否完善，也能讓合夥人與設計師及參與其中的所有人更了解未來發展與規劃。

品牌與營運是一個完整企業不可或缺的兩端，品牌經理需要負責整體形象及長期發展，包含產品開發、銷售以及產品的利潤等；而營運經理的職責為延續產業，並監督產業的運作，讓產業可以持續供養人才，繼續地服務它的顧客，兩者需要相互合作討論，朝共同的目標前進。

在規劃階段，即使人員精簡，也必須同時思考品牌及營運兩方面的問題，並且列項排程逐一完成。

開店流程

規 劃 期

品牌經理

經營理念
決定業種、業態
產品研發（研發團隊）、菜單
價位範圍
品牌識別系統 CI（企業內外統合）
總體造價（預算與成果的平衡）
　　設計項目與預算
　　工程項目預算
　　軟體項目與預算
初步和設計師討論的內容 見 96 頁

營運經理

開店地點（路邊店或商場店）
確定設計與監造施工團隊
內場工作流程（廚具規劃圖）
外場工作流程 （桌數配比、區域分布、
服務方式、外帶內用、備餐檯設置…）
營運協調（周邊店家、內部品牌）
聯繫窗口列表 見 97 頁

施 工 前

1. 工程時程表
2. 設計最後確認
3. 估價、發包（硬體預算 軟體預算）

4. 移交監工與施工團隊
5. 進場時間與進場需求

施工過程

1. 施工時配合監造（各品牌監造要點…）
2. 施工中設計確認與修改
3. 餐具挑選

4. 平面製作物發包
5. 弱電與營運系統確認（音響、保全、特殊燈具）
6. 軟裝物件購買安裝（植物、家飾品、窗簾……）

完工檢查

1. 營運動線確認（內外場）

2. 以顧客角度檢視

開　　店

1. 試營運

2. 正式開幕

開店企劃書

項　　目	說　　　　明	你　的　餐　廳
經營理念	理想、特色、想要完成的目標（特殊性）	
品牌定位	經過研究、學習，定義自己的餐飲品牌客群，平均消費……等	
業種與業態	店鋪主要賣什麼、商品的種類—「業種」；以及如何去販售、經營模式—「業態」	
產品（菜單）	讓顧客印象深刻，並使得餐廳獲利，有持續發展及創新的可能性	
商業模式	從經營理念擘劃商業模式（經營型態），如旗艦店、連鎖餐廳、小型外帶……等	
總體預算	從商業模式及產品設定開店總體預算並檢驗	

項　　目	說　　　明	你 的 餐 廳
顧客體驗設計	視覺／空間／營運	
品牌識別系統 （CI）	賦予企業統一的形象，並發展成為具有個性化的信息媒介，如：菜單、招牌等	
顧客用餐流程	檢視顧客與產品以及環境的互動，去創造更完整的想法與系統	
外場營運邏輯 （服務設計）	除了有標準流程之外，人性化及個人化的服務是重點	
廚房營運邏輯 ／出餐流程	符合經營與運作要求，以確保產品有最好的物理環境呈現	

初步和設計師討論的內容

項　　目	說　　明
經營理念	
業種（業態）	
參考店家	
產品/菜單	
價位範圍	
顧客用餐流程	
廚房營運邏輯/出餐流程	
外場營運邏輯	
總體預算	

項　　目	說　　明	你 的 餐 廳
顧客體驗設計	視覺／空間／營運	
品牌識別系統 （CI）	賦予企業統一的形象，並發展成 為具有個性化的信息媒介，如：菜 單、招牌等	
顧客用餐流程	檢視顧客與產品以及環境的互 動，去創造更完整的想法與系統	
外場營運邏輯 （服務設計）	除了有標準流程之外，人性化及個 人化的服務是重點	
廚房營運邏輯 ／出餐流程	符合經營與運作要求，以確保產 品有最好的物理環境呈現	

	工期表														
	施工天數61天														

月份	12月														
日期	17	18	19	20	21	22	23	24	25	26	27	28	29	30	31
星期	Thu	Fri	Sat	Sun	Mon	Tue	Wed	Thu	Fri	Sat	Sun	Mon	Tue	Wed	Thu

No.	工種	施工細項
1	裝修執照	
2	施工圍籬	
3	拆除工程	
4	放樣工程	
5	水電工程	
6	木作工程	
7	廚具工程	
8	泥作工程	
9	空調工程	
10	玻璃工程	
11	音響工程	
12	燈具	
13	金屬工程	
14	油漆工程	
15	地坪工程	
16	安裝五金	
17	清潔工程	
18	驗收	

	1月														
1	2	3	4	5	6	7	8	9	10	11	12	13	14	15	16
Fri	Sat	Sun	Mon	Tue	Wed	Thu	Fri	Sat	Sun	Mon	Tue	Wed	Thu	Fri	Sat

Step.4

打造有記憶點的餐飲體驗：視覺／空間／營運

4-1　體驗設計實戰說明

如果你正想開一間餐廳創業，又或者你已經是餐廳的老闆了，那麼，在餐廳營運之時你會面臨哪些問題？ 在瞭解體驗設計的內涵後，本章整理出更具體的想法以及實際操作面可能會遇到的問題，也從過去協助業主規劃餐飲空間的經驗裡，提供可依循的脈絡與解決之道。

從視覺設計、空間設計、營運設計切入

從過往的經驗我們可以了解到，體驗設計其實並不是一個全新的設計系統，而是「以顧客為核心」的設計觀點，幫助創業團隊專注於顧客體驗並提出文化性的解決方案。仔細來說，透過檢視顧客與產品以及環境的互動，去創造更完整的想法與系統。它的概念很簡單，但所涵蓋的範圍卻很廣。以我自己的經驗來說，品牌創業或維持營運，除了最核心的產品創新以及研發之外，最基本可以歸類為三項重點：**視覺設計**、**空間設計**與**營運設計**，接著就會說明近代體驗設計的觀念如何改變這三項基本架構。

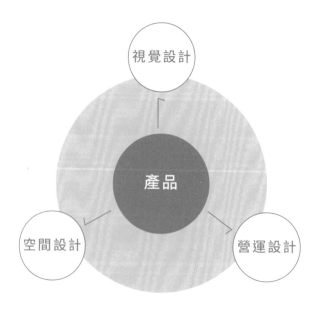

視覺設計：賦予一致且個性化的形象

任何品牌或產業最重要的就是檢視重點核心「品牌理念」，不管在策略規劃、營運定位、服務精神、菜色研發到設計呈現上，都必須環繞著這個核心價值。然而品牌的體驗會隨著物質文明進步和生活水平的提高所產生，在人們已經得到功能及利益上的需求，消費者將追求更高層次的滿足，這就是所謂品牌不可碰觸的價值，給人「快樂」、「酷」、「爽」……等感受。因此我們可以看到許多品牌，對內利用教育訓練、團隊激勵活動，建立員工對企業的認同和歸屬感；對外則是使用各種行銷活動，參與各種擺攤或業外活動，各家餐廳主廚之間也開始建立互動，聯手合作。而企業**視覺識別系統**（Visual Identity,VI）註 1 也越來越重要，它賦予企業統一的形象，並發展成為具有個性化的信息媒介，如：菜單、網站、Facebook、Instagram。一個餐廳最終能夠成為一個經典品牌，是因為它所帶來的是完整綿密的顧客體驗，正因為如此，品牌是否能超越產品功能帶給顧客種種感官或價值上的滿足，將變得越來越重要。

VVG 是台灣知名的生活美學品牌，透過網站作為社群平台主要的溝通媒介，讓消費者快速清楚的搜尋資訊。

註 1：視覺識別系統（Visual Identity System，簡稱 VIS 或稱為 VI），是企業識別系統（CSI）的一部分，並最具傳播力和感染力。將企業品牌理念、品牌文化等運用整體的傳達，通過標準化的形式語言、系統化的視覺符號及豐富多樣的應用形式，傳達給社會大眾，具有突出企業個性、塑造企業形象、建立企業知名度的功能。

空間設計：虛實整合並結合五感體驗

空間設計是實體環境的最終整合者，最基礎的是符合店家**整體形象**的空間設計，另一個是**機能性**是否符合經營與運作要求，以確保產品有最好的物理環境呈現。近年來，我們可以見到許多指標性的網路平台開始收購實體品牌與開店面，原因很簡單，以目前科技發展的階段，所謂的完整體驗還是必須回到「身心合一」的實體空間，尤其是以體驗為核心的餐飲業和旅遊業，而近幾年來也可看到類似蔦屋書店的複合式型態店，或是街區型商場的出現，它們除了滿足我們餐飲及購物的需求外，更重要的是帶給我們不同以往的體驗。

而網路與科技的發達，也影響了今日的空間體驗，空間設計師必須開始思考如何塑造許多的接觸點，例如拍照打卡的地方，或展示製作流程的開放式廚房，甚至到家具的挑選及花藝設計……等。這些貼心的細節及設計，可以塑造更完美的空間體驗，讓顧客累積好感，並用五感去品味與感知這家店的價值，自然而然就比其他餐廳更有記憶點。

社群媒體的快速發展讓餐飲文化融入每個人的生活中，餐廳的任何角落或細節都可以變成拍照的元素，圖中店家為「柚一鍋 a Pomelo's Hot Pot」熱門拍照打卡點。

更進一步的案例如 Amazon go 的無人實體店面，就是整合了電腦科技與網路數據的最佳成果，實體與虛擬整合的空間設計已經是未來不可改變的潮流，網路發展與大數據的成熟，反而可以作為實體店面的資訊基礎，透過分析帶來更精確並且符合消費期待的體驗。

營運設計：透過數據回饋，持續優化消費體驗

回過頭來看，一家純粹的網紅打卡店，在開店初期的熱潮過後，除了要持續加強產品以外，更要造更多吸引力，並累積更多熟客。要把餐飲業做的長久，必須要在服務與營運方面下功夫，除了上述品牌與空間設計之外，也要研擬完整的營運計劃來使店面能夠永續經營，讓客人有意願持續上門光顧。

過去侷限於許多設備及過程必須高度的倚賴人力，因而造成產品的單一化，然而隨著廚具設備的電子化與系統化，人性化與客製化是現今講求服務的業者必喊的口號，如何不會對企業內部生產與管理造成痛苦，就需要從體驗設計的角度去規劃， 例如開放式廚房，讓顧客更透明化的了解餐廳內部運作的同時也提升廚師的尊嚴。此外各式各樣的軟硬體，如：顧客關係管理系統也是現今營運管理的利器，（例如鼎泰豐手機候位 APP、Eztable 訂位系統、inline 排隊訂位系統、Ichef POS 系統……等等），將生產過程與客戶相互連結，店家可以藉由識別與串聯產出數據，了解每位客戶的飲食習慣與需求，使其更加符合顧客的喜好，甚至可藉由這些大數據提供的資訊達到服務修正，並且不斷的優化服務細節，消費者自然也能從中獲得更好的消費體驗。

inline 自動化地確認顧客訂位，大幅降低餐廳人力，提高顧客滿意度。

體驗設計的價值

在競爭激烈的時代，產品的創新與進步是所有產業都必須關注的，然而我們更不能忽略的是當代產業的跳躍式進步，例如蔦屋書店的生活提案概念，或是亞馬遜的無人超市，都是建立在顧客體驗的提升中，如何運用創新科技與自身產業結合，將這些數據轉化成實用的商業價值是很重要的趨勢。

「體驗設計」在當代設計中扮演相當重要的角色，好的體驗設計能讓消費者享受在服務之中，並且成為馬上建立印象或是改觀的關鍵所在，透過好的體驗設計可以將消費者變成朋友，盡可能提供獨一無二的消費體驗，最終與餐廳或品牌之間產生情感連結，建立不可撼動的品牌價值。將體驗設計導入餐廳經營的成果常常是令人興奮的，熟捻這個觀點與技術，讓團隊容易創造新的體驗，也是未來品牌設計、 空間設計與營運設計專業者，不可以忽視的課題。

設計戰略思考	1. 體驗設計的概念：從顧客旅程中找到品牌與之最佳接觸點加以放大優化，形成記憶點進而成為忠實顧客。 2. 體驗設計需要不斷優化，推陳出新，才能形成持續消費的迴圈。 3. 善用科技和數據分析輔助體驗設計的升級優化。

「貓下去敦北俱樂部與俱樂部男孩沙龍」與「金色三麥」兩個品牌皆以台灣在地為核心價值，合推聯名啤酒，在地生產屬於台灣風味的啤酒。

4-2

在視覺設計落實餐飲品牌的企業識別系統

延續上篇了解體驗設計要點後，我們將更深入討論餐飲品牌如何在平面及空間設計上落實，在尋找與自己理想風格相近的設計師後，又該如何與設計師準確又快速的溝通，了解這些秘訣進而加強企業形象，並將品牌理念確切傳達給顧客。

完整核心：企業識別系統

當經營理念及品牌定位確立之後，企業識別系統便是會一直伴隨著企業成長茁壯的重要元素。完整的**企業識別系統**註1會進一步變成企業視覺識別（visual identity；VI），它附有好溝通、易傳達的特色，以統一的行為表現和視覺識別（標誌、造型、色調）對外進行傳播與溝通；對內企業識別系統將統一這家店所有員工的價值觀，建立一致的行為標準，形成員工對企業的認同感和歸屬感，在企業內部形成向心力、凝聚力。

用平面設計整合餐廳形象

過去許多傳統的餐廳，在室內裝潢做完之後才開始發展平面製作物，例如：招牌、海報、產品照片、宣傳品……等，甚至只願意花少許的預算在菜單與名片上面。其實一般像路邊店或是百貨店面裡的平價餐廳，藉由精良的平面設計與相關製作物，就能快速讓顧客了解餐廳並有效的降低造價，平面製作物無論多複雜單價都略同，尤其對連鎖餐飲來說，平面設計不需要解決因地制宜的問題，效率也相當高。

註 1：企業識別（Corporate Identity，CI），一般指品牌的物理表現。通常來說，這一概念包含了標誌（包括標準字和標準圖形）和一系列配套設計。一套企業識別系統（Corporate Identity System；CIS）通常有特定的指引，用以指導和管理相關的設計的使用，如標準色、字體、頁面布局等一系列品牌識別設計，以保持品牌形象的視覺連續性與穩定性。

「一式排骨」外觀招牌與牆面上的菜單快速傳達產品資訊給顧客。

但平面設計也應遵守企業識別系統（CIS）設計的規範，盡量避免不和諧的情況發生，以便於整體形象的建立，也讓顧客容易辨認。當然最佳的平面設計是與空間設計整合，補足室內設計無法因時間調整的缺憾。例如：室內牆面有時候也必須有平面設計配合，像是牆面上關於自家品牌的形象海報、文字或是食物的照片等，可以增加餐廳的整體氣氛，茲列舉較常見的平面設計製作物如下。

「GREEN ／綠」代表「環保」、「天然」、「友善」……等，ivette café 的主視覺、外牆、室內空間圍繞著不同層次的綠色，「ivette green」無形中傳達了品牌理念。

1. 菜單及名片

名片跟隨著企業識別系統（CIS）設計，通常是最容易被客人拿走或是辨識的物件，而菜單延續名片的作用，是將餐點介紹給顧客最重要的橋樑。菜單必須清楚易懂，讓客人能快速看懂；如果產品複雜，應有產品照片搭配，產品可以請攝影師拍照再經過設計排版，即使預算有限，也應該保持簡潔美觀。

「一式排骨」與平面設計合作打造專屬的視覺形象，有趣的菜單設計也結合了品牌理念。一式對料理的堅持就像練功一樣，千變萬化的招式都需要深穩的根基。（圖片提供＿ Five Metal Shop）

2. 產品照片與海報

產品照片可以增加豐富性與人氣，同時做為良好的溝通媒介，例如：在百貨公司地下街，有照片或是傳單的餐廳往往更容易招攬客人，翻桌率愈快、愈講求效率的平價餐廳，就必須要有明確的照片與訊息提供，外擺菜單也是很好的展示工具，能讓顧客輕易了解產品的種類與餐種型態，降低陌生感。

3. 周邊小物

如餐巾紙、濕紙巾、杯墊等小物等，一定可以增加顧客來店裡感受的品牌完整性，但相對的會增加總體造價，除非有多餘預算，否則不建議剛開始就特別訂做，改為買一般現成品即可；但如果已經發展有一定規模，建議找設計公司製作，有助於營造完整品牌形象。

4. 餐具設計與包裝設計

提供外帶服務的餐廳必須有良好的包裝設計，包裝設計有時比較接近工業設計，如果是以外帶為主的餐車或是小店，那包裝設計與餐具設計便是重點，是餐廳服務的延伸，可以延長顧客的體驗時間。

5. 相關副產品

有時為了打造品牌形象，或餐廳經營已經步入正軌，需要更進一步的提升服務或是建立品牌知名度，餐廳會販售自行製作的餐具或相關產品，例如：馬克杯、筷套、杯墊等。

「ivette café」從餐具的選用到擺盤，呈現品牌的完整性並有助於品牌的營造。

設計戰略思考	1. 招牌、菜單等平面設計元素，是快速傳達產品資訊給顧客的媒介。
	2. 最佳的平面設計是與空間設計整合，補足室內設計無法因時間調整的缺憾。

1

2

1. 「Buckskin Beerhouse 柏克金啤酒餐廳」店內販售品牌相關商品，如啤酒造型開瓶器或購物袋等。
2. 「Rice Moment 米時」包裝設計延續品牌的企業識別系統（CIS）加深顧客的印象。

4-3 餐廳各區域空間設計

整合各種系統、介面與設備，是餐廳空間設計最大的課題，從裡到外座席的配置、內場動線的流暢度、備餐台的位置、廚房的規劃到內外場的整合等，在還沒開始營運前就決定了生意的好壞。

成功的餐廳如同一個高效率、高度客製化的工廠，除了贏得顧客的歡心之外，更應該讓員工滿意，需要符合全體人員的需求。好設計不只是擁有吸睛的外表，符合人性的設計細節與整體氣氛的營造，更是除了紮實的產品及服務外，帶動回客率的重要因素。茲依餐廳主要功能做區域劃分，說明其設計要點如下。

外 觀	用 餐 區	公 共 區 域	廚 房 區 域
招牌	入場區	備餐檯	吧台
入口雨遮	候位區	洗手間	廚房
候位區	座位區	零售區	儲藏室
打卡區		打卡區	員工休息區

一般餐廳基本空間區隔

外觀設計

一間餐廳可以靠口碑、網路、行銷廣告等方式打出知名度,但無論是透過什麼樣的管道,「醜媳婦還是得見公婆」,到了用餐時,顧客都必須前來餐廳消費,而良好的店面設計,首先要能夠抓住目光,並能引起顧客興趣,進而引發他們光臨的慾望;然而顧客經過店面時的評估往往發生在瞬間,因此餐廳的外觀設計不能太過零亂破碎,整體設計感非常重要,能直接抓住目標客群的注意,就是成功的關鍵。

其次,外觀設計的重點在於忠實的反映價位,對於追求 CP 值、講求效率與速度的店家,例如:自助餐與快餐,其門面的穿透性就必須要高,以降低顧客的距離感,容易吸引過路客;反之在氣氛慵懶悠然的咖啡廳或是下午茶店面設計上,採光及視野寬闊的位置頗受喜愛,坐在店面最外圍的顧客,有時也會是最佳的招攬生意的招牌。當然,也有單純賣咖啡的咖啡廳為了強調店家個性或以產品做為主打,反而不需要過度的裝潢,「酒香不怕巷子深」,就是這樣的道理。除了門面以外,餐廳的外觀還包含招牌呈現及雨遮等機能設施。

新竹素有風城之稱,因此「柚一鍋 a Pomelo's Hot Pot」在入口處作斜面開口以利擋風,外觀採用大面積純白牆面,再搭配原木及植栽圍塑出日式溫樸的質感。

一、招牌呈現

用招牌傳達核心理念是相當普遍的作法，一般來說，已經有企業識別系統規範的餐廳比較單純，但限制也較多，如果沒有太多企業識別系統（CIS）的規範，設計師通常會根據餐廳的核心理念自由發揮，但基本上招牌必須明顯呈現，如在夜晚時發光，通常餐廳正面與側面都要有招牌，以利識別。

二、入口雨遮

開店的時候，當然不會假設每天都是晴天，因為總是會遇到天氣不好，甚至是刮風、下雨、颱風天的狀況，因此餐廳外要能夠有防風防雨的設施，入口雨遮是必須的設計，讓顧客能有撐傘、收傘的空間，並要記得避免使用不防水之木料。

「上善豆家」招牌除了要能吸引行人注目，還需要考量招牌的照明設計。

1.「柚子 Pomelo's Home」門面穿透性高能降低顧客的距離感,吸引過路客。

2.「井井咖啡廳」入口必須要有可讓顧客撐傘、收傘的空間,並且避免使用木料。

用餐區設計

好的用餐區空間配置，會提升顧客的用餐體驗，而餐廳的類型及定位也會影響用餐區的設計，以顧客及服務生的動線路徑來確保各空間的對應及比例關係，並探究餐廳空間核心用餐區的可能配置，打造舒適多元的座位區，是提升回客率的關鍵。

一般餐廳內的配置大約分為四個部分：
(1) 入口區（帶位台、結帳區）；
(2) 座位區；
(3) 備餐台及洗手間；
(4) 廚房區域（吧台、儲藏室）。

其中入口區和座位區屬於用餐區，也是顧客對餐廳的主要印象來源，因此是設計時需加以琢磨的重點，茲述如下。

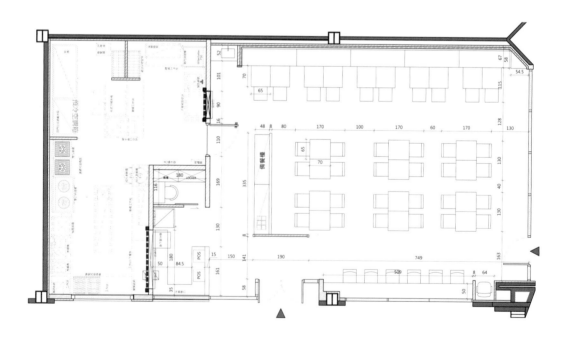

餐廳空間規劃須注意內場與外場的比例搭配，廚房區域約占整體空間的 1/3，上圖為「一式排骨」平面配置圖。

一、入口區

入口區是餐廳服務的最前端,必須注意帶位台與結帳區的設置:

1. **帶位台**:與其相鄰的是等候區,供應茶水並先行招呼顧客。如果餐廳空間許可,盡量將等候區規劃在室內。小型餐廳的帶位台可以簡約,也可設置在戶外,但盡量不要太靠近座位區,以免影響用餐客人。

2. **結帳區**:一般在設置上需衡量餐廳的營運方式,高級餐廳有時會在座位區做桌邊結帳,而一般餐廳則通常設置在出入口附近,因此需預留一些位置避免結帳時造成通道擁擠,機能上須留意要有放置顧客個人手提及肩背物品與供信用卡簽名的地方。

「柚子 Pomelo's Home」入口區的結帳櫃檯結合商品販售區。

a. 圓桌／方桌	方桌最多能擠4個人，好處是可以拼桌，而圓桌的使用人數則是看桌面大小決定。一般咖啡廳桌面寬度以60公分為基準，有供餐的咖啡廳雙人桌應以70～75公分為佳。
b. 對坐長桌	最近有許多餐廳會流行使用超級長桌，雖然有些人不喜歡與別人共桌，但對於單人或是快速用餐的人來說，比較方便。
c. 高腳桌／吧台	主要功能在於提供快速用餐的人較方便的座位，也可以提供更多的服務與互動，大部分的吧台都是屬於高腳桌，配上吊燈也不失為一種特色。
d. 單面長桌	通常適合咖啡廳（尤其面對戶外者），可以提供獨自前來的顧客一個小空間，必要時也可以比鄰而座。
e. 沙發與包廂區	通常位於店內最裡面，因靠近廁所、廚房、倉庫區，無法提供比前排良好的環境，故在座位區質感上必須升級。較適合多人團體，或設計成包廂區，剛好提供隱密性較高的服務，另外多人用餐區音量會比較大，可以做出隔間避免互相干擾。

二、座位區

客席的配置應該依據營運上的規劃思考，不同營業類型就會有不同桌數與人數的需求，例如：壽司店就一定會有吧台前的位置。基本的原則是服務分區必須對應整體的空間感，若位子數量過多，就必須靠設計以型態分區，避免只有單一型態的座位，否則易使空間看起來單調。對於採光不好或是動線深處的地方，就必須花費更多精神打造設計與氣氛，例如：設計成包廂區或以沙發區來吸引團體型顧客，需注意的是，團體型顧客音量比較大，最好與前區保持一定距離。

1. 座位形式

一般餐廳的座位形式,大致上會依據餐種來分,比如說西式餐點適合長桌或是拼桌,中式餐點則以圓桌較方便,簡單介紹如下:

2. 座位數量

基本上以 2～4 人為一般來客最集中的人數,因此 2 人桌與 4 人桌通常會配置在前區,一方面讓路過的人感覺整家店始終客滿(高人氣的暗示),另一方面也方便服務人員有效率的帶位。人數少的位子建議靠近窗邊,較容易坐滿並吸引顧客。

至於如何安排座位數?一般來說,座位數可以店鋪面積(坪數)×1.3 為標準,假設希望店內呈現寬敞,可以將店鋪面積(坪數)×1;而小酒館或是想呈現熱鬧氣氛的餐廳則是店鋪面積(坪數)×1.5;如果是賣單一商品的飲料店或是以吧台為主的店面如涮涮鍋及酒吧等,店鋪面積(坪數)×2(或以上)是可參考的標準。

「BUCKSKIN YAKINIKU 柏克金燒肉屋」提供包廂以便團體客訂位,放鬆享受不被打擾的聚餐時光。

座 位 席 數 規 劃 參 考		
一般	店內部坪數×1.3	如店內20坪×1.3，約為26個座位
寬敞感	店內部坪數×1	如店內20坪×1，約為20個座位
熱鬧感	店內部坪數×1.5	如店內20坪×1.5，約為30個座位
翻桌快	店內部坪數×2	如店內20坪×2，約為40個座位

如何有效的內外整合以提供更好的用餐空間及服務品質。整合各種系統、介面與設備，是餐廳空間設計最大的課題，從裡到外座席的配置、內場動線的流暢度、備餐台的位置、廚房的規劃到內外場的整合等，在還沒開始營運前就決定了生意的好壞。成功的餐廳如同一個高效率、高度客製化的工廠，除了贏得顧客的歡心之外，更應該讓員工滿意，需要符合全體人員的需求。

了解外觀及用餐區設計的要點後，接著我們將從服務面向切入，討論備餐台、洗手間以及廚房規劃。

備餐台及洗手間

依照服務分區，每隔一定數量的座位就必須配置一個備餐台，其功能是放置菜單、水瓶、刀叉等備品。備餐台的設置要配合動線的規劃，儘量讓服務人員能在最短的時間內取得所需物品，但不妨礙到主動線，而在設計上則需要配合整體氣氛，避免因為物件過多而看起來雜亂無章。至於上餐的速度更是掌握翻桌率的關鍵，所以備餐台的設置點對整體流暢度影響甚大。此外，有時備餐台會兼具 POS 系統註1用來點菜，廚房內則會有相應出單機，POS 系統通常有專業的廠商規劃，於設計時須注意有哪些系統需要相連。

註 1：POS 系統即銷售時點信息系統，是指通過自動讀取設備（如收銀機）在銷售商品時直接讀取商品銷售信息（如商品名、單價、銷售數量、銷售時間、銷售店鋪、購買顧客等），並經過通訊網路和電腦系統傳送至有關部門進行分析加工，以提高經營效率的系統。

餐廳是供給顧客休息用餐的地方,因此洗手間的設置必不可少。通常 25 個座位以內的餐廳,至少要有一間洗手間,每增加 20 個座位,就應該另外增加一間洗手間,意即 100 個座位的餐廳至少要有 4 間,規模在中型以上的餐廳男女廁應該分開。而等級愈高的餐廳,其洗手間更是不容小覷,這裡雖然只是餐廳的一角,卻是顧客除了用餐區外一定會進出並留心的地方,清潔整齊及良好的通風是基礎,內部切合的設計與貼心小物的放置,也能讓顧客感受到店家的服務與用心。

「柚子 Pomelo's Home」備餐台兼具 POS 系統用來點菜,廚房內則會有相應出單機,POS 系統通常有專業的廠商規劃,於設計時須注意有哪些系統需要相連。

「豐盛號 炭烤土司／紅茶牛奶－雙城店」長形復古造型吧台與開放式廚房，讓顧客看見餐點製作過程也吃得安心。

廚房設計

廚房宛如一家餐廳的心臟，如果說餐廳外場的設計重點是營造氣氛，廚房則更重機能，除了保持衛生外，還需要留意與外場服務人員之間的動線流暢度。

一、廚房動線的規劃

順暢的動線讓工作更有效率，因此在決定廚房位置時，首先最需被考慮的是外場人員的作業動線順暢與否，顧客出入口與出菜、回收碗盤的路線盡量不要相同，烹飪區與洗碗區（回收清潔區）應分開配置。現代餐廳內的廚房動線多採用法式廚房的規劃配置，與外場類似，是以環狀呈現為主：中間是中島型工作區，吊架或設備可以變成開放式廚房設計的一部分。現代廚房設計重點，是除了符合工作的機能性之外，盡量讓工作人員感覺舒適，以增進工作的效率。

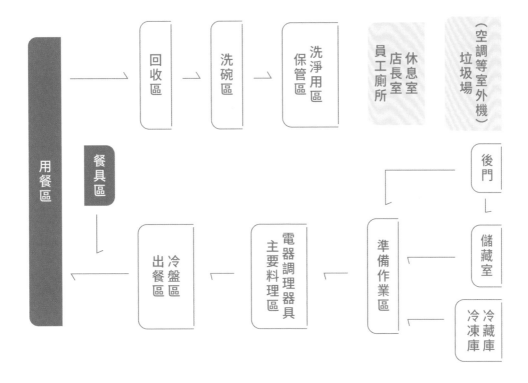

二、廚房設備的規劃

廚房的設計並不是業主的主要工作，但是業者需將理想廚房的大致樣貌以及所需要的設備器具先提出，並與工作人員、設計師或是設備廠商討論，以確認後續規劃符合使用者需求。不同於用餐區的裝潢與擺設在完工甚至是開店後仍能進行修改，廚房涉及機器設備、瓦斯水電等管線的配置，一旦決定就很難再做調整，所以在計畫之初就需要設想周全。一般會建議在裝潢與菜單設計時就一併進行廚房設計，餐廳的規模愈大，廚房設計與用餐區的設計更需要採取分工方式，例如：用餐區裝潢找商業空間設計師，廚房部分則尋求專業廚房設計業者的幫助。

此外在選擇廚具時，一般商用廚房的衛生要求、抽風方式、清潔方式，與一般家用廚房的要求相去甚遠，商用廚房往往必須有強力處理油煙與油漬的設備，諸如水溝、截油槽、靜電機等，以降低對環境及工作人員的負擔。即便是重火侯、多油煙的中餐，在愈來愈多新科技設備的引進下，也讓許多的廚師在思考如何創新之虞，也有了對外開放的契機，也就是開放式的廚房設計。

「ivette café」起源於澳洲的綠色咖啡館，在空間設計上將吧檯區設置在入口處，並選用高品質的咖啡機，讓熱愛咖啡的都市人，能夠享受高品質的咖啡，也反應澳洲對咖啡文化的重視。

此外，廚房設計還需要考慮到氣壓平衡。一般來說，廚房內的壓力應大於用餐區，而餐廳內部的壓力又應大於室外。中大型餐廳廚房則須注意補風問題，因為當空氣被大量抽到室外的時候，外場用餐區的空氣就會被吸入內場廚房，如此會造成冷氣冷度不足，或是大門因氣壓問題較難關閉或開啟的問題。此外，在能源及環保問題廣受重視的現在，截油槽幾乎是今日所有餐飲業的標準規格，一般標準型截油槽深度 30～60 公分，如果地坪深度不足時就必須架高，會以水管沖洗的廚房則須設置水溝，地坪必須墊高 15 公分，或使用活動式截油槽設置於水槽下方。廚房內場的地坪須注意止滑的問題，以馬賽克或 20 公分正方以內的瓷磚為佳。

位於高雄的無國界料理餐廳「Gien jia 挑食」與集品系統廚具一同打造專業廚房，串起技藝與食物的連結，客製化的廚具設計讓廚師們可以有效率的烹調美味佳餚給顧客。

因應不同料理方式客製化廚具設備，例如廚房設置冷藏備料箱，作為沙拉生菜及收納各式備料，讓廚師可以快速抓取食材出菜。

三、廚房分區的設計重點

為了讓各分區能夠順利且有效率的運作，每個區域與機器的配置都應該仔細評估，一般會將廚房依功能分成生食處理區、烹調區、冷盤區／出餐區、回收區／洗碗區、儲藏室、進貨區、吧台等，雖說廚房設計多委由專業人士進行，但還是應該要對其設計要點有基本的認識，才能檢核廠商的工作成效。簡單說明各分區之設計重點如下：

1. 生食處理區：不論是來自儲藏室或冷凍庫的食材，都必須先經過此區再進入加熱區，因此一定要設置水槽，同時避免與出餐區動線重疊，防止交叉汙染。

2. 烹調區：是廚房的核心部分，設備上最重要的就是爐具與抽風系統，由於西式講究文火慢煮，中式講求大火快炒，不止爐具會與中式的有較大的差距，抽風系統也會根據廚房熱能的估算來調整。為求減少油汙，現代化的抽風設備都應設置靜電機與風管相接；此外，因烹調區溫度較高，設計時壁面需要留意耐熱與消防等問題。

3. **冷盤區／出餐區：**冷盤區通常是菜色加工或擺盤的區域，如果有沙拉或冷食類的東西也常在此製作，設備上通常會陳設足夠面積的工作台及冷藏設備，一般出菜口也會緊鄰此區，使餐點能保持新鮮。對於未另外設置出餐口的餐廳而言，廚房門最好是可以雙向開關，並且使用自動回歸角鍊，同時考量防火區劃，必要時採用防火門。

4. **回收區／洗碗區：**回收區應與烹調區、出餐區分開，以避免汙染，大型飯店的洗碗區通常會獨立一間作業。廚餘與垃圾必須分類，餐盤回收後直接進入洗碗區是最好的配置，現代化且具一定規模的餐廳大都使用商用洗碗機以節省人力。

5. **儲藏室：**廚房在規劃的時候，一定要確保有足夠的空間來儲藏食物及備品。儲藏室設計應注意濕度與溫度，通風應良好，超過一定面積之餐廳，可設置組合式冷凍庫或冷藏庫，較為經濟。

6. **進貨區：**餐廳或咖啡廳通常會設置後門，一方面可以方便工作人員到戶外休息或下班，送貨與維修時合作廠商也不會與顧客動線相互衝突。因此沒有設置後門的餐廳，應該盡量錯開送貨與維修的時間與營業時間。

7. **吧台：**又分獨立式或與廚房結合的兩種形式，獨立式在餐廳整體設計上較好發揮，但較浪費空間，適合主打飲料的餐廳（如酒吧），與廚房連在一起的吧台較為節省空間，也容易相互支援。例如：一般的咖啡廳並不一定需要廚房，可以將設備（如烤箱或三明治機）設置於吧台區做出熱食。咖啡機一般是咖啡廳的重點設備，設計也應考量咖啡機的造型，近來沙拉冰箱與小菜冰箱的設計也是重點，應呈現食物新鮮美味的感覺。

設計戰略思考	1. 廚房的作業效率，會大大影響供餐能力進而左右營收，必須回到產品及服務思量，反覆推敲最佳化的廚房設計。 2. 前後場（廚房與用餐區）的溝通至關重要，設計動線時務必納入重點規劃項目。

4-4　餐廳燈光設計重點

人氣餐廳的設計除了裝潢外，燈光設計在整體氛圍營造上將能呈現畫龍點睛的效果，僅是燈光顏色的轉換或特殊的燈飾造型，就能予人天壤之別的感覺。規劃空間的同時，也能設定每一工作區所需的照度或是情境，例如：同樣是用餐區，在不同性質的餐廳所呈現的情境也許截然不同，可依照設定的方向調整基本照度、重點光線以及選用適當燈具。以下是各區域燈光設計的要點分析。

色溫的計量單位是以 K 為單位，中性色的色溫在 3,000 ～ 5,300K 之間，因光線柔和，使人有愉快感受，所以一般餐廳照明應以 3,000K 為主，尤其是桌面的部分，此色溫最能呈現食物與飲料的色澤，而使用 LED 產品也以最接近此色溫為主，其他空間與特殊照明則不再此限，但一間餐廳內最好不要同時有多種不同燈光，否則易失焦點而有雜亂之感。

燈光與空間的對應關係
表現食物最適色溫3000K
同一張桌子，明暗反差不可過大
折射型燈具避免刺目眩光
根據餐廳類型用燈光營造氣氛
走道照明亮度需充足避免危險
白天／晚上，自然光／人工光設計時一併考慮

→　「Buckskin Beerhouse 柏克金啤酒餐廳」吧檯區利用不同形式之光源，創
　　造豐富且多層次的照明。

一、用餐區

任何餐廳或咖啡廳，其照明條件都是以食物優先，桌面一定要打光，投射型燈具亦是最佳的用餐照明光源，此外，還須注意同一張桌面的明暗度不宜反差過大，並避免燈光直射而帶給顧客刺目感。選用有燈罩的吊燈可以帶來另類氣氛，同時外觀造型較佳，而無燈罩的吊燈則不能選用瓦數太高的，以鹵素燈燈光效果最好，但依據壽命與穩定度建議使用 LED，不僅可以減少熱度與用電量，使用壽命亦較長；若是有特別節日，桌上也可以燭火塑造出浪漫氣氛。

二、入口及走道

無論一般餐廳或注重私密的餐廳，入口燈光設計都必須明亮，接待台與收銀區通常都是燈光設計的重點區域，其背牆通常有氣氛燈光或是特殊設計的照明。至於走道燈光應有引導性，從入口開始到進入客席，或是從客席到洗手間都應有照明，在每個端點應重點打光，避免服務人員或顧客在走動間的不便及可能造成的風險，如碰撞及跌倒等。

「上善豆家」在挑選燈具的時候，風格造型也需要符合餐廳的空間調性。

三、廚房及吧台

廚房內燈光應明亮，確保工作人員可以清楚的看見食物中有無其他異物混入、顏色是否新鮮等，以保障用餐顧客的飲食安全。若欲減少陰影及眩光發生的可能性，建議採用日光燈做為照明設備。依《食品良好衛生規範》規定：「光線應達到 100 米燭光（LUX）以上，工作台面或調理台面應保持 200 米燭光（LUX）以上，使用之光源應不致於改變食品」。

至於吧台的照明，因往往兼具表演展示的效果，故通常是餐廳的重要亮點。吧台的照明經常需要多層次的設計，尤其吧台人員的動作範圍、背櫃陳列或使用空間應有照明，如有吊架設計，應該在其下端打光，以防台面太暗、不利操作。

「KAVALAN WHISKY BAR 噶瑪蘭威士忌酒吧」吧檯區利用不同形式光源，創造豐富且多層次的照明。

四、洗手間

洗手間的照明可以有很多變化，但須注意洗手間的功能就是為了如廁以及梳洗，必須重視機能性，例如：女廁化妝燈最好從正面打光，方便女士們於中場休息時整理儀容。

利用照明營造空間氛圍與質感

另一方面 LED 照明的蓬勃發展，有色燈光打在不同顏色的物件上，有時會產生特別的效果，例如高級餐廳可以使用較多的反光材料塑造高級感，或是利用燈光讓材質（如薄片大理石）產生特殊效果，讓餐廳的照明設計更為豐富。整體而言，高級餐廳與注重私密的餐廳，著重於重點式照明，至於咖啡廳或是全日營業的餐廳則更追求明亮，可用間接照明搭配重點照明方式做規劃。白天與晚上的光線也必須在設計時納入考量，因為燈光顏色對食物與裝潢都有非常大的影響。但同時也需注意遮陽，畢竟過度的陽光直射無論對顧客或食物都將產生負面影響，因此諸如格柵遮陽板或捲簾等，應在設計時一併考量。

設計戰略思考　　　1. 餐飲空間的燈光設計，除了符合基本的照度需求之外，還可藉由燈光設計來凸顯空間設計的亮點，更重要的是營造顧客的用餐氛圍。

「KAVALAN WHISKY BAR 噶瑪蘭威士忌酒吧」以台灣雪山山脈稜線與威士忌酒廠的橡木桶為設計靈感，運用不同層次的光源，營造酒窖隱密的空間氛圍。

4-5 　細部設計營造空間氣氛，五感角度創造特殊體驗

在餐廳的空間設計上，除了大方向的整體風格規劃外，小地方的貼心設計也不容忽略，包含指示標誌、軟件布置、植栽等，除了讓顧客感受到更好的體驗外，更是加深印象並使顧客願意再上門的因素之一。

細節設計再次強化品牌精神

營造餐廳的空間氛圍，裝飾品及擺設是不可缺少的工具，佈置細節應該要依據品牌的定位及理念去延伸，但同時要避免過度及無意義的擺放造成空間的混亂。以下將介紹幾個餐廳重要的裝飾元素：

一、指示標誌

指示標誌是初次光臨的顧客認識餐廳的途徑之一。從外觀開始，最容易忽略的就是入口的菜單看板，這是一項與過路客的溝通媒介，直觀且快速；可以請設計師特別設計，或是直接使用菜單亦可；此外，稍微大型的餐廳（可容納約 70 人以上），帶位台是必須的，在機能性上須放置訂位表與菜單，方便外場人員接待顧客。營業時間與店家相關資訊也常是最容易忘記的細節，可以用貼紙貼在玻璃上，或是用手寫在黑板上，印製在名片上也不失為一種作法。

設計良好的指示標誌能減少顧客和員工不少麻煩，在追求美觀之餘，如果能與企業識別系統（CIS）結合效果更佳，簡單的話可以去文具店購買或請設計師訂做。廁所的小細節必須注意，應該要有洗手乳或是一些貼心的清潔用品，如一些香氛或裝飾、紓壓的小道具、畫作等，高等級的餐廳更可以增加服務的細節，加深顧客的印象。

二、植物與花藝

植物永遠都是對空間加分的物件，可以讓空間更富有人性、貼近自然，雖然室內設計在完工後可調整的幅度變小，但植物的顏色與生長的變化仍會隨時間更替，因此可以為餐廳帶來一定的新鮮活力；然而相對地需要多花一些心力照顧，一些短期性的鮮花也能點綴空間，因為顏色多采、姿態各異，也能替空間增加一些或是繽紛或是清爽的效果。

「Gathery 聚匯」提供活動規劃服務，從餐點到攝影一應俱全，將料理器具、餐具等生活物件作為展示，呈現一個料理家的空間氛圍。

三、桌／牆面裝飾品

在裝潢之前，一定要記得預留一些預算添購一些裝飾品，但必須注意整體的協調性，桌面上的軟件例如：立牌、餐具籃或是衛生紙架的挑選與搭配都很重要，不一定需要很花錢，可以視能力負擔做調整，或是從自己的收藏、朋友的禮物而來。其他例如：牆上的裝飾品、結帳櫃檯的小擺設等，這些東西都可以增加熱鬧與人性的細節，唯一需注意的是不要過度裝飾，如此一來反而會讓設計整體感下降。

「貓下去敦北俱樂部與俱樂部男孩沙龍」牆面及層架上有許多店主精心挑選的裝飾品，營造空間歡樂氣氛。

五感角度創造特殊體驗

設計最終還是要回歸到餐廳欲呈現給顧客的體驗，並遵循企業識別系統（CIS）打造令人難忘的品牌印象。空間規劃與平面設計可以有很多種搭配，假如只依循自己的喜好或一昧模仿，只會讓自己的餐廳陷入窘境－不能引起顧客共鳴，自然也與其他店家沒有差異。本文我們將說明如何透過五感角度為顧客創造特殊體驗。

一、味覺

食物是餐廳的主角,也是顧客體驗的最重要項目,但菜色也要依餐廳的型態做選擇,過多類型的菜色有可能讓顧客覺得雜亂不專業。而除了讓餐點色香味俱全外,選用在地的食材及傳遞飲食文化特色可喚起記憶中的口味。

「ivette café」推出迷你刈包,用紫米和羅勒口味小刈包夾微辣的黃金泡菜、醃漬蔬菜和貝比生菜,最後放上靈魂主角香滷腱子肉。迷人香氣伴隨香嫩Q彈不柴澀的口感,讓人意猶未盡。

二、視覺

視覺可說是人體最快速接收外界資訊的感官,也是最容易創造顧客記憶點的關鍵,因此一定要打造出讓人一眼就能辨識出的獨特品牌。依循企業識別系統(CIS)與經營理念設計,從外部體驗的商標、網站、廣告等,到內部體驗的空間設計、平面設計、餐點到服務人員制服,都能加強顧客對品牌的印象。

「ivette café」的菜單設計以生活飲食雜誌為出發點,將餐點、文字、照片和想傳達跟食物相關的美好想法都放在菜單裡。

三、嗅覺

嗅覺連結著食物的印象，也需要考量品牌的體現，如果品牌宗旨是希望營造熱鬧氛圍，可採開放式廚房或自助吧台的設計，例如咖啡味、香料味，但太多或太重的氣味將會影響食物本身味道的呈現。另外像是高檔餐廳，希望加深顧客對餐廳整潔、一塵不染的印象，就需要把廚房做絕對的隔離，以免氣味逸散而影響了用餐體驗。而通風設計也相當重要，重香料味或是燒烤的餐廳很難避免長年累月的食材味道，應盡量做好營業時的通風與換氣，休店時也不應完全密閉。另外香氛有時是可以替餐廳加分的，但過於人工的的香氣卻可能畫蛇添足起了反效果。

「貓下去敦北俱樂部與俱樂部男孩沙龍」選用溫潤質感的木質家具，包含從咖啡館發跡的曲木工藝椅子，並設計歐洲老火車上才會看到的實木排椅，在家具的選用上呼應整體空間氛圍。

四、觸覺

無論是餐具的觸感、座椅的質感或餐點的溫度……等都會影響顧客在餐廳的體驗。舉例來說，像桌椅的質感或舒適度就會影響顧客的行為，例如：鐵面的椅子使人覺得冰涼、布質椅或皮椅坐久了會覺得溫熱，雖然沙發給人覺得較舒適的感覺，但當餐點是較燙熱的食物時，再坐上沙發反而顯得悶熱。另一方面，桌面的材質設定也相當重要，美耐板雖然好清潔但會給人廉價感；人造石或大理石檯面看起來很高級及但溫度較冰冷；而傳統的高級餐廳，通常會需要桌布給予客人更好的觸感。

五、聽覺

聲音也是空間中生命力的來源之一，從播放的音樂、服務人員與顧客的談話聲、廚師炒菜、鍋具的碰撞聲到顧客使用餐具的聲音……等，都會影響到顧客的體驗。而聽覺呈現的方式很多元，可透過播放音樂或是請樂團演唱，也可適時地變換音樂類型讓顧客有不同的感受，讓音樂作為品牌表達的一部分。

生意很好的餐廳或咖啡廳，客人的音量容易變大，為了不影響到他人，根據餐廳的營業型態，在空間設計或座位安排上也需要考慮到音量問題，像是多人的團體最容易發生顧客大聲談話或大笑等情況，因此安排帶位時，大組的客人應該擺在較為封閉的區域或甚至是包廂。另外開店之後也可以依情況裝設吸音板或多孔隙的材質來降低音量。

設計戰略思考	1. 除了味覺的體驗，現代餐廳更強調五感體驗，透過軟硬體搭配創造顧客記憶點，是吸引客人再訪的關鍵。
	2. 在做空間細部裝飾時，挑選的元素必須扣合品牌精神與業識別系統 CIS 原則，才能強化印象而不造成混淆。

Column　當代餐廳潮流與趨勢

夜晚的台北人潮擁擠，每到下班時刻人們趕著赴約，而台灣有著各式各樣的餐廳，從傳統的台菜餐廳「欣葉」、魚市場結合餐廳的「上引水產」、日式燒肉專門店「大腕」、歐陸菜系的「MUME」，到名主廚江振誠所帶領的「RAW」……各種料理爭奇鬥艷，不論是何種料理風格，今日的餐飲已經跟文化及美學息息相關，而餐廳的設計也應該要回歸到本身的文化底蘊，不可隨意混搭而變成一次性的打卡店，以下就介紹幾個當代餐廳的潮流與風格趨勢：

趨勢一
經典小酒館新潮流 Bistronomy

這些年精緻餐飲（Fine Dining）在傳統媒體與網路的推波助瀾之下成為熱門的話題，許多電影例如《主廚餐桌》（Chef's Table）、《天菜大廚》（Burnt），都把主廚或是創業者的故事搬上世界的舞台。除了世界級的精緻料理與分子料理餐廳之外，較平價的 Bistro 型態餐廳更蔚為風潮，甚至發展出一個嶄新詞彙：Bistronomy，意謂小酒館＋美食學（Bistro + Gastronomy），意指可以用 Bistro 小酒館的價位，品嚐到美味精緻的料理，在台灣 Bistronomy 的風潮也吸引了需多餐飲業者加入經營小酒館戰局。

趨勢二
啤酒餐廳與酒吧

2002 年台灣開放民間釀酒合法後，掀起了台灣自釀啤酒的風氣，這群職人用在地的原料創造出屬於台灣風味的各式啤酒，而各地也開始出現許多酒吧，精釀啤酒象徵著個性化與自由化，也吸引相當多的年輕客群。隨著精釀啤酒帶來的啤酒風氣，金車集團也因應廣大的需求推出全新啤酒品牌「BUCKSKIN 柏克金啤酒」，結合了啤酒、餐飲、酒吧，打造一個時尚年輕聚會場所，也是一個全新的餐飲模式。

1.「貓下去敦北俱樂部與俱樂部男孩沙龍」將西餐技術與東方文化相互衝擊、融合,創造出屬於台灣經典的餐酒館樣貌。

2.隨著精釀啤酒帶來的啤酒風氣,金車集團因應廣大的需求推出全新啤酒品牌「BUCKSKIN柏克金啤酒」,其旗艦店啤酒餐廳坐落於台北熱鬧的信義區。

趨勢三
台菜與小吃的創新與轉型

台灣有許多傳統老店以及在地小吃，面對眾多國外來襲的餐飲品牌，業者開始思考轉型的可能性，試著用新穎的手法創造出差異及特色化。然而不論是創新或轉型，都需要自我檢視品牌的核心精神，並思考餐點、營運或行銷上如何讓顧客耳目一新，將台灣傳統老店及在地特色小吃升級再進化。

「一式排骨」將傳統小吃升級進化，空間設計利用熟悉的材料與元素連結顧客的記憶，讓人不只是吃一碗排骨飯，更像是回味舊時的美好時光。

搭配各式餐飲型態的設計風格

台灣是異國料理的匯聚之地，每個人都想在閒暇之餘享受一下不同於日常生活的氛圍，不同的風格及特色主題也變成了顧客挑選餐廳的考量之一，以下為現今較常見的幾種設計風格：

一、新北歐風格

北歐設計當道，北歐餐廳的精采程度也不遑多讓，空間中以白色為基調、低彩度配色、豐富的自然紋理，以及許多小圓角設計正是北歐風的特色，部分的日式餐廳及澳洲式的餐廳也沿襲北歐風的元素，觀看台灣街頭的咖啡店與甜點店也是北歐風格流行的最佳例證。

北歐餐廳近幾年在菜色的研發以及整體的創意相當突出，例如由世界知名主廚 René Redzepi 操刀的 noma，noma 之所以受到美食家如此青睞，最大關鍵應該是在於兩項特色「環保」與「在地」，採用當地的食材與採集料理，將之做最大利用，再加上精湛的廚藝，不但符合世界潮流，又具有當地特色，從這個角度來觀察它的北歐設計，更會有深一層的體會。

「柚一鍋 a Pomelo's Hot Pot」空間以白色為基調，有著良好的採光再搭配淺色木質調家具，打造輕鬆舒適的北歐風格。

二、精緻工業風格

工業風可以說是過去商空設計中最熱門的風格，工業風最大的特色是故意將結構及管線裸露，呈現粗獷不羈的效果，而不同城市會再融入自身的工業文化背景，延伸出屬於自己的工業風特色，例如英倫工業風格就很適合小酒館或是平價餐廳，舉例來說 BlackSheep Design 與 Jamie Oliver 合作的 Jamie's Italian 可以說是其中的翹楚，利用設計巧妙地將各種質樸粗獷的材質結合，再配合開放式廚房讓空間相當精采；另外澳洲因為其港口的特性，早期有許多碼頭、運輸設備等較工業化的設施，也使得許多咖啡店走向工業風格，自創出其特色的倉庫工業風。近幾年整體餐旅產業升級，工業風設計在型態和材料上開始有了變化，例如材料的選擇也越來越多元，包含皮革、大理石或金屬質感的鍍鈦……等元素加入，使得工業風更趨向高級精緻化。

「Buckskin Beerhouse 柏克金啤酒餐廳」以啤酒製造過程為設計概念，空間中使用了不同種類的金色來堆疊層次，每個細節材質呼應製程，也讓人聯想到啤酒文化。

三、新日式風格

日式料理一直在世界料理中占有一席地位，例如燒肉、壽司都是源自於日本傳統文化，也因此大多數的燒肉店與壽司店也相當程度的保持日式靜謐、禪風的風格。日本人著重職人的觀念，這一點也深深的延伸到空間設計上，在細節與工法也非常講究。近年來日本受北歐風格影響甚多，日式洋食小店或是日系輕工業的咖啡店，也非常受到年輕人的歡迎，加上一些知名商空設計師，例如片山正通（Wonderwall）和長坂常（Schemata Architects）…等人的努力之下，設計也越來越多元並受到國際肯定。

四、台式風格的開創年代

綜觀台灣現今的高級中餐廳，例如 Bellavita 貴婦百貨的厲家菜、W Hotel 的紫艷……等，大多仍是以中式傳統風格為主流，呈現貴氣的用餐氛圍，但受國際潮流的影響，這些餐廳除了追求高品質的設計外，還融入了許多現代化的元素，可看出東方風格的設計還是相當值得期待。

此外，台灣的設計意識抬頭，許多店家與企業也開始了解到台灣餐飲需要的是植入在地的文化精隨，而不是一味的沿用中國風格。同時台灣的小吃水平也急需提升，無論是菜色的創新或是整體體驗都有許多可進步的空間，我們也相信台式風格的餐廳也是未來最極具潛力的市場。

「LOBA」將傳統小吃再升級，堅持使用好的食材，獨創的滷肉及精選配菜，拼湊屬於自己心中「家」的味道！在空間設計上則帶入菜櫥、押花玻璃、抿石子等古早元素，展現出濃濃的台灣味。

Step.5
從藍圖到實踐：找尋店面及裝修工程

STEP. 6 開店後的實戰：營運設計

5-1　店址的選擇：百貨店或街邊店

離開在桌面紙上談兵的階段，開店的第一步就是要找尋店面。餐飲店型的地點主要可分為百貨店及街邊店兩大類型，而找店面的基本原則是根據目標客戶所在區域以及租金預算來找到合適的開店位址。一般來說，想進駐百貨店的業者可以先透過百貨展店顧問，評估自身品牌後找到合適的商場；而街邊店可透過仲介代為留意，或業者自己從租屋網站尋找，但無論是百貨店或街邊店，都必須親自去開店區域勘點，才能正確評估是否為適合自己生意的地點。

尋找店面必考量的三大要點

一、目標客群人口數

一般而言，開店必須找尋目標客群最多，或是自己熟悉的地點較易集客。另外百貨商圈中有較多同性質的店面，雖然競爭壓力大卻有集客效應，也是好地點，但相對的租金會比較高。

百貨美食街			街邊店
∨	人流集客力	百貨因坐落商圈且餐廳類型廣泛，可提供消費者多元化需求，人流相對於街邊店來說較穩定	
∨	管理	百貨提供標準的硬體設備，並統一維護管理，對餐飲業主來說是很大的助益	
	房租	因百貨有其他人事管理成本等花費，一般來說租金較街邊店高	∨
	營業時間	百貨店的營業時間須遵照商場規定，街邊店的營業時間較具彈性	∨
▲	物理環境	百貨商場硬體設備完善，如停車方便，街邊店容易創造出特色化餐廳，吸引消費者	▲

1.全台首間「柏克金啤酒吧」進駐台北 101 購物中心,成為上班族及國外遊客輕鬆小酌的新據點。

2.金車集團旗下的餐飲品牌「Buckskin Beerhouse 柏克金啤酒餐廳」,第二家店矗立在繁忙的南京東路地段,總面積超過 300 坪,打造全台最大的「啤酒複合式餐廳」。

二、交通便利性

大型的店面和主要道路兩旁的店面租金通常比較高，因為人流較多，也較為顯眼，但須注意行人徒步可及性，與用餐時段人群多寡。而小型餐廳，其實並不適合在車流較多的大路上，大馬路的第一條、第二條巷子，反而更容易聚集人群。

三、物理環境

選擇辨識度佳且物理環境優良的地點，例如：一樓店面原則上優於二樓，或是有挑高的空間讓人感覺較開闊且辨識度高，相對的空間品質佳，在內部設計也比較好發揮。除了評估空間本身的特性，例如採光、通風等基本的條件之外，在看點的時候，最好有專業者陪同評估，例如：設計師、工程承包廠商，或是廚具廠商共同場勘，以便了解硬體設備狀況，一般餐廳的使用面積約莫 30 ～ 50 坪，30 坪以下就只適合產品比較單一的小店。

百貨店與街邊店的比較

一、百貨店

在百貨商場開店有許多的好處，百貨本身的人流就比較高，也會舉辦許多的活動吸引人潮，平日就會有許多顧客，同時因為身處有管理的環境，不論是物理環境或水電設備都比較容易規劃，但有管理的環境相對的房租一定會比較高，而百貨店通常都是採用抽成的制度，租金一般來說都會比路邊店高。

二、街邊店

街邊店不可預期的因素相當多，例如鄰居對餐廳帶來的氣味與人聲等容易抗議，及商圈人流不穩定……等，但也擁有許多好處，街邊店房租通常較百貨商場來得低，而且營業時間能夠自己彈性管理。此外，街邊店與都市環境融合在一起， 比較容易透過設計產生獨特性及差異化，以達到吸引顧客為目的，適合想要創造差異特色的獨立店。

「點 8 號」林口店主打星級名廚點心專賣，堅持採用在地食材、現點現蒸，巧妙融合港點與台灣特色。此分店位於百貨商場內，將品牌色帶入空間設計中，利用搶眼的色彩形象吸引過路客的目光。

地點對於開店策略的影響

通常會建議第一次開店較不適合選在百貨商場，因為百貨是一個店家非常密集的環境，沒有知名度與口碑支撐的品牌，很容易淹沒在商場裡。相反的，若已經營街邊店一段時間頗具口碑且小有名氣，品牌若能進駐百貨商場站穩腳步，連鎖化的機會就會變高，且百貨公司也會希望商家能夠配合一同展店。

由於開店初期會遇到各式各樣的問題，像是產品價格高過消費者預期、製作速度不夠快、地點不夠好……等，因此建議小品牌可以先藉由快閃店或小坪數店測試（Prototyping），透過實際操演、了解並蒐集市場的評價後修正，生意不錯的品牌則可計劃轉換成正式的店，並求營運穩定為首要目標！

設計戰略思考

1. 街邊店和百貨商場各有優缺點，須視品牌發展階段及展店目的選擇。
2. 店型的選擇，可分為銷售目的與行銷目的，若想要先測試市場反應或是作為行銷廣宣，利用快閃店實際經營取得一手資訊又不需一下子花費大量成本。

「貓下去敦北俱樂部與俱樂部男孩沙龍」與日本啤酒商 ASAHI 合作在信義區開設全新概念快閃店，面對新的挑戰及客群，不僅強化品牌的實力，也達到品牌行銷的效果。

5-2 達人專訪：展店顧問──林剛羽

業界人稱「林顧問」的林剛羽，談起餐飲展店的專業，語速不疾不徐不浮誇地講出令聽者折服的觀察與觀點，標誌性的髮型與談吐風格形成高度反差，儼然是個非典型物業仲介的形象，他自己提到：「1997 年星巴克進台灣時，我是第一批員工，因此對於成功的國際連鎖餐飲品牌的思維與行事作風，算是在那個時期奠定了一定的理解。後來決定以餐飲展店顧問角色創業，便期許作為『房東』與『品牌』的媒合者，打破以往物業仲介以獲利模式思考的服務方式，因此了解房東的需求與考量，替品牌爭取有利條件，達成雙贏是我從創業之初不變的信念。」

選點前，了解商圈和百貨本質上的差異

餐飲品牌從一家店開始複數成長後，「要不要進軍百貨」肯定會列入下一步怎麼走的思考清單中，不論是品牌業主自己起心動念，或是接到百貨商場招商部門的邀約，林顧問都建議品牌業主需先充分了解兩個種店型的特性，回過頭思考自己的品牌現階段強項優勢為何，以及下一步的發展策略方向，才能評估是否到百貨設點，若進駐到百貨，品牌是否已「準備好了」。林顧問歸納出以下 4 個思考點，提供品牌初步了解街邊店營運模式與百貨商場的不同之處。

能接受被百貨商場「管」嗎？

從商圈的街邊店紅起來的餐飲品牌，業主多半是很有想法、也富有創造力，對產品、空間設計甚至行銷活動多半有自己的一套，營業時間自己說了算，能根據顧客回饋、假期節慶靈活做出對應與調整。進到百貨商場中，多了「樓管」這個角色，不論是產品菜色、店頭設計、行銷活動等等都要申請，施工也有諸多條件規範，如果自己做習慣了，這會是一個需要適應的大改變。

從每天收現金變成月結收入！

每天完成最後供餐時段後，就是結算餐廳當天收入的重要時刻，不論大小日，店頭的現金都是即時入袋，即使刷卡也是幾天內銀行就會結算入帳，資金的週轉期相對短且靈活。一但進入百貨，店面每天的收入變成是百貨的營收，目前業界常見的有月結 15 天與月結 45 天兩種付款方式，舉例來說，在百貨店 8 月整個月的收入，扣掉百貨抽成及其他費用後，月結 15 天就是 9 月 15 日入帳，月結 45 天就是 10 月 15 日入帳，和街邊店每天都有收入到帳的情況有很大的差別，如果周轉預備金不夠充裕，很容易捉襟見肘。

商品和品牌的話題性夠嗎？

曾聽過有人戲稱開在一線百貨的店，是「行銷部」開的店，擴大品牌知名度的戰略意義大於實質獲利。百貨商場這幾年數量大幅成長，都會型、郊區型、社區型如雨後春筍般展露頭角，老牌一線百貨都面臨集客壓力，更別提新加入戰局來分一杯羹的百貨商場。現在除了極少數百貨在降低餐飲櫃位比例之外，幾乎餐飲櫃位比例都是在增加的趨勢上，對於一個發展中的餐飲品牌，要思考自己進入百貨商場，是裝上成名加速器還是淪為襯托的綠葉？自己品牌的形象與品牌力，還有商品價格帶，都是進入百貨商場前必須做好評估的要點。

本身的內控管理能力有多強？

除了少數百貨商場有全時段餐飲集客能力之外，非用餐時間的美食街或餐廳櫃位人潮有限但還是要營業，而用餐時段大批湧入的人潮，考驗著品牌在餐期的接單量極大化能力，從餐點設計到出餐速度、訂位叫號到服務流程，都在驗收品牌的內部管理成果。此外，為了確保百貨商場的品牌形象一致性，餐飲品牌服務人員的儀容態度，櫃位內外場的整潔度，都有樓管人員時時盯場，若是稍一不慎還要接罰單、限期改善等等，每月營收都掌握在百貨手上，根本不可能置之不理。

天帷企管顧問工作室　林剛羽

天帷企管顧問工作室擁有豐富的展店相關經驗與國內外通路資源，目前業務主要為協助連鎖品牌展店及海外品牌代理。至今已經服務超過 200 家企業、共 300 多個品牌，更是多家海外餐飲品牌來台展店的首選顧問團隊，其中包含燒肉牛角、一風堂、琥珀天丼、UCC 咖啡、BAKE、蔦屋書店等。

進入百貨要準備的三件事

銀行最不想借錢給需要錢的人，保險公司最不想賣保單給不健康常生病的人，現在的百貨公司也最不喜歡將櫃位租給願意付高租金的品牌，因為他們更愛「自帶流量」的品牌。

早期百貨和餐飲品牌算是站在同一陣線，只要該餐飲品牌業績好，百貨拿到的抽成多，就是雙贏局面。台灣的現況是百貨商場越開越多，在消費人口沒有增加的情況下，客源被分散，每家百貨商場無不想方設法讓人願意出門到店，也想透過具有強效集客力、高度話題性的品牌進駐，讓百貨內的品牌更新鮮、更具吸引力，以做出和其他眾多百貨的差異化。因此，百貨商場需要更充裕的空間來招睞好品牌進駐，舉例來說，假設餐飲集團引進一個海外知名餐飲品牌進駐百貨 2、3 年了，即使業績依舊亮眼，即使願意提高租金、抽成比例，但百貨還是會把黃金櫃位租給更新鮮、更具話題性的品牌，為什麼即使是現在替百貨賺錢的超級品牌也可能被換掉或移至較差的櫃位，因為客人總是想嘗鮮，對百貨來說，他們也會思考是否需要維持館內品牌的新鮮感來增強消費者到店的動機，而不是每次來都是這幾個品牌導致顧客流失。

由於現在百貨商場多複合經營，讓消費者吃喝買玩一站滿足，又有周年慶等企劃活動力強，且不像商圈店家分散，街邊店易受天氣影響，百貨下雨天方便停車，天氣熱有冷氣吹，因此現在的餐飲消費人潮趨向百貨店型，林顧問也提到手上的 300 多個品牌同時有兩種店型的，80% 的比例是百貨店業績較好。站在餐飲品牌的角度來看，若是街邊店做得好，也有足夠的話題性幫百貨帶流量，同時資金充裕，進入百貨可以作為成名擴張的加速器，最近有幾個由他擔綱品牌顧問的餐飲集團邁向上市上櫃之路，都是藉由進軍百貨展店帶來的成長動能促成。不過林顧問也提醒，進入百貨設店而跌倒的餐飲品牌也不少，因此到百貨展店前一定要準備好以下 3 件事：

1. 成本結構及控管能力

一線百貨除了租金高、抽成比例高之外，租期短對餐飲品牌來說也是不小的壓力，不少百貨餐飲櫃位的租期合約只有 1 年或是 1+1 年，有些熱門黃金位置租期更短，也就是說投入的前期建置成本幾乎無法在租約內攤提。以一般百貨美食街為例，抽成約為營業額的 24%，和相比，租金佔比可能是街邊店的 3 到 4 倍，如果沒有精算清楚，有可能造成營收越高反而賠錢的窘境。因此要進入百貨之前，要回頭檢視營運的成本結構，各項支出比例是不是有可能調整，對成本掌握的精準度能否提高；或者，找到對的展店顧問公司幫忙談到較低的抽成，也是項利多。

林顧問分享他的一個經驗：曾有一個燒肉品牌被一線百貨邀約設店，這個燒肉品牌的街邊店房租佔比為 6%，僅營業晚上；反觀百貨光是抽成就 13%，還要整天營業，但燒肉中午吃的人少，晚上又要配合百貨營業時間打烊，做不到宵夜場時段，營業時間拉長且與以往經驗中吃燒肉的顧客行為不同，若要進入百貨勢必得做出一番調整，這個燒肉品牌首先檢視調整營業時間之後的成本結構，同時也因品牌力夠強有一定的集客號召力，之前也從未在百貨設店，故幫品牌談到了較低的抽成，為進入百貨展店爭取到優勢；在商圈人潮漸被百貨商場的拉力稀釋的過程裡，這個燒肉品牌的街邊店只剩一家，後來都轉往百貨設點，且百貨店的業績佔了近九成的營收，年營業額大幅提升後也上市上櫃。品牌是否願意做出調整並妥善內控執行，不光是進入百貨，對於擴大經營之路都是非常必要的行動。

2. 周轉金準備

前面也提過，街邊店每天都有現金收入，百貨店的營業額則是先進百貨口袋，要次月甚至是次次月才拿得到，因此是否有足夠的週轉金以支應營運所需甚為關鍵，若是在創業初期或是銀彈沒那麼充裕，可能就還不到進入百貨商場展店的時機點。

3. 接受被管理

這點前面也有談到，在百貨裡設櫃，舉凡視覺及空間設計、產品項目及價位、廚房設備與配置、行銷活動等，都要提交百貨申請，通過了才能進行，同時也要配合百貨的活動、週年慶折扣等，也有樓管監督，不合規範還要吃罰單，處處受到限制與約束，品牌是否已調整好心態因應？不過從另外一方面思考，百貨把人帶進來，對餐飲品牌來說已不需要花時間在「如何吸引人來」，只要想辦法把到百貨裡的人吸引到自己的店就好，且有專人協助管理，也沒有鄰居檢舉等問題，反而能更專注在提升品牌本身。

餐飲品牌的展店策略思考

最近台北東區商圈沒落的話題持續被討論，而 2019 年開幕的微風南山將餐飲櫃位比例拉高到一個新境界也蔚為一時話題，商圈會持續沒落嗎？百貨商場是否持續成長？林顧問認為發展的趨勢還是會回到供需法則。商圈的幅員面積大，店家多，選擇多，店面容易做出自我風格特色，同時店家是城市環境的一部分，因著歷史發展與生活軌跡，每個商圈發展出獨有的特色，人群受到吸引前往商圈逛遊、用餐，人潮是分散在這個區域內；百貨商場則是挑選各類型品牌店家聚集在一起，訴求一站購足，將人潮集中。有些論點把商圈沒落歸咎於房東調漲租金、租金過高，不過換一個角度思考，百貨商場的租金和抽成加起來也不見得比東區房租

低。目前台北捷運板南線上的百貨，東區算有 3 家，信義區有 14 家，北車也有 9 家百貨，南港、板橋也紛紛開設百貨商場，都在拉走東區商圈的客源，當百貨商場持續增加，消費人口不增反而減少的情況，加上可支配所得幾乎是回到 17 年前的水準，未來百貨商場的集客力也備受考驗，林顧問認為商圈街邊店和設櫃百貨商場並沒有絕對的好壞，而是根據營運策略選擇的結果，也應該根據品牌發展的階段調整店型配比。此外，林顧問也提供 3 個建議給餐飲品牌業主：「多開店」、「多品牌」、「規劃海外題材」。

開店之後就要規劃第二家

有些人只想開一家店安身立命，認為只要做起來穩健經營就好，但這並不是你個人能決定的事，而是由市場決定。假設你開一家早午餐店，做得好旁邊有人也開了一家，即使生意不如你，但只要拉走你 1 成到 1 成 5 的收入，換算回來可能就等於你的淨利不見了，當生意受到影響、營收下滑時才來想因應對策，通常時機點就晚了。因此林顧問認為在開了第一家店之後，就要開始規劃第二、三、四家店的可能性，不見得要馬上接著展店，而是要居安思危先思考，才能在市場機制啟動前先發制人。

建立多品牌的經營思維

品牌也有生命週期，都會歷經起步期、成長期、成熟期、衰退期，因此想要往連鎖或是餐飲集團發展，多品牌也是必須思考的議題。對此，林顧問說：「每一個品牌的品牌力展現的地方不同，就我的觀察，80% 的品牌，需要從核心去延伸擴張，舉個例子，燒肉品牌開火鍋店，就是從核心的肉品食材延伸思考新品牌的方向，燒肉和火鍋的肉品一起採購，以量制價能獲得更有競爭力的進貨價格，兩個品牌使用的食材等級接近代表客單價接近，員工透過簡單的教育訓練就能彼此支援調度，同時又能培養跨店服務或管理人才。」

另一種多品牌的思維，是從經營的客層思考他們也會喜歡的不同類型品牌，例如主要客群為喜愛嚐鮮的年輕族群，便從這個脈絡規劃新品牌，能有互相行銷拉抬的效應，但核心擴張的效益就不會那麼顯著。

規劃「海外題材」

2018 年的大學畢業生人數是 2008 年的 60%，少了這 40% 的人口投入就業市場及消費，反映在餐飲業意味著顧客變少，找員工也變難了。因此在台灣的餐飲品牌很容易遇到成長的天花板，此時引進海外品牌或往海外發展，就是餐飲品牌或集團發展過程中必須思考的命題。

進軍海外的三個條件

最近台灣手搖飲品牌進軍日本成為媒體熱議的話題,林顧問就接到剛成立、只有兩家店的品牌來詢問能否協助引介到海外設點,他說:「要引進海外品牌,你會怎麼挑選?你會引進一個只有兩家店,每月營業額換算過來不到一百萬台幣的海外品牌嗎?相對的,若你的品牌要得到國外餐飲集團或代理商的青睞,又該具備什麼條件呢?我認為第一個條件是在台灣本地,對商品及服務等內部管理機制與標準化能力有一定程度,且已制定了完善的標準化流程,這樣不論是海外代理或合資合作,才有辦法順利輸出。

第二個是要有特色,這裡說的特色只是產品好吃好喝是不夠的,而是要有在地文化特色且又能被廣泛接受,就像日本瘋珍珠奶茶,因為珍珠奶茶是具有台灣代表性的特色食物。

第三個條件是做好功課,對要去的海外市場充分調查了解。這裡說的調查,不單只是做做市調問卷、在路上隨機觀察當地餐飲類型與飲食習慣的程度,而是要了解誰能創造需求,願意投資的人在哪裡,我從事品牌展店顧問多年,既了解商場也了解品牌,因此能找到彼此的需求對接。現在還可以去日本開珍珠奶茶店嗎?對於像日本這樣成熟的市場,在供給過量的時候進入,必須審慎評估。反觀東南亞地區如越南、柬埔寨、印尼、菲律賓等地,全世界 10 大百貨商場有 6 家位於這個地區,當地人愛逛購物中心,而購物中心則需要品牌進駐,相同的道理國外品牌也是吸引在地顧客嘗鮮的誘因,台灣品牌到日本,不見得有什麼優勢,但到東南亞國家,反而具有優勢,有些賣場提出不用付工裝補助費的條件,還有工裝補貼,抽成非常低,鼓勵台灣品牌進駐。不過有利多就有風險,新興市場的設立公司法規,或者當地飲食習慣如伊斯蘭教飲食需要清真認證,一樣要做足功課和準備。

台灣餐飲品牌力需要再提升

問及林顧問對台灣餐飲產業未來的願景,他語重心長的說:「『品牌力就是溢價』,每次到日本、新加坡、香港甚至大陸考察,餐廳生意都很好,人也很多,看起來市場蓬勃;其實台灣有很多好吃的食物,很有本錢做為品牌輸出的國家,只是長年被講求 CP 值的代工思維制約,有好產品卻不擅長做包裝及管理,能達到標準化及吸引觀光客的產品仍然有限。透過這本書內容所提倡的思維,能影響餐飲品牌業主,將台灣本來就很好的商品力,透過包裝、形象打造提升台灣美食品牌的價值感,能在各地發揚光大。我們公司手上的品牌平均有 30 % 的成長,台灣餐飲業不景氣嗎?我倒是保持樂觀。」

5-3　如何與設計師溝通，透過設計實踐品牌精神

店面確定，開始設計時，時間就是一個非常重要的因素，畢竟房租已經開始付了，規劃的時間也會有成本產生。進入設計階段，也是最後檢視開業計畫的最後時間點，並想像完工之後的所有面向。一般餐廳創業，大半的資金都會花在店鋪的裝潢上，有些人傾向一磚一瓦都自己設計、布置，全數自己統包，但尋找設計師以及施工廠商，相對的則可以省下不少時間，整體也會比較完整。

隨著法規愈加嚴格與商場競爭越來越激烈，過去如果只是一般個性小店像是咖啡店或小吃，可能都是找裝潢公司簡單設計，現在則建議都能夠找有些許經驗的設計師設計，如果預算有限，應跟設計公司協調，透過良好溝通與分工，減輕設計過程中的壓力；若是一間較為複雜的餐廳，具有相當的規模以及複雜度，建議盡量找有設計餐廳經驗的設計師，因為甫開店時一定有很多問題與困難需要克服，因此有經驗的設計師可說是開店時的共同夥伴。室內設計並不是產品，它必須因地制宜，好處是可以隨時修改，壞處是無法事先看過成品，只能盡量靠設計圖與經驗去模擬。

	討 論 事 項	溝 通 窗 口
設計師	品牌定位	店主或品牌經理
	機能與營運	廚師或吧檯手 （了解內場或管理營運）
	外場	外場領班或店長

實踐藍圖第一步：設計溝通事項

商業空間與住宅空間，在設計本質上非常的不同，住家是為屋主個人服務，美學是主觀的、感性的，商業空間設計是為客人服務，最終的是以服務顧客為目的，理性的思考的成分比較多。應該要相信專業商業空間設計師的判斷，以大眾的口味與需求，再配合自己的喜好，當作評判的標準，當然如果已經很對市場很有把握，或是已聘請專業的餐飲顧問，則可以衡量其比重。

與設計師討論時，需要注意的是，設計或整體定位的部分須單一窗口，由店主或是品牌經理，在內部討論過後再跟設計師討論。在機能與營運的討論上則可以請內場或管理營運的同事，例如廚師或是吧檯手來討論，外場則交由外場領班或是都統一由店長來討論。

在紙上規劃作業的前置工作，都是為了實際落實到店面作準備。

一、尋找與自己理想風格相近的設計師

尋找設計師最簡單的方法，就是去尋找自己喜歡店家的設計師，有時可以多找幾家，在聊天的過程中，應該可以了解設計師對你的想法是否理解？是否對餐飲空間設計熟悉？但要留意的是專業領域部分，由於商業空間與住宅空間在設計本質上非常的不同，所以設計師擅長的也可能不盡相同，因為住家是為屋主個人或家庭服務，其美學是主觀的、感性的，而商業空間設計則是以一般大眾為基礎，意即最終是以服務顧客為目的，理性思考的成分比較多。因此業者應該要相信專業商業空間設計師的判斷，以大眾的口味與需求為主，再配合自己的喜好，當作評判的標準，當然如果已經對市場很有把握，或是擁有專業的餐飲顧問，則可以衡量其比重。

二、派了解該項業務同事與設計師溝通

與設計師討論時，需要注意設計或整體定位須單一窗口，意即由店主或是品牌經理在內部討論過後再跟設計師討論。在機能與營運的討論上，可以請內場或管理營運的同事來討論，例如：廚師或是吧檯手；外場則交由外場領班，或是統一由店長來討論。

三、影響設計決策的面向

為了能與室內設計師在討論時可以確切又實際的溝通，將溝通的部分列為設計與營運面向。

｜設計面向｜

1. 經營理念：是一家店的核心，也是必須傳遞給大眾的重點項目，因此適切的文字與圖表說明，讓設計師可以理解，並在設計時將經營理念也融入室內設計之中。

2. 產品與菜單：既有的菜單、產品照片或是製作流程等，都是可以讓設計師更了解一家店的媒介，甚至從中發掘靈感。

3. 品牌設計相關：室內設計應該遵循企業識別系統(CIS)，店內通常會製作許多海報、貼紙等，一個好的餐廳設計，應該是全面的，包含從 CIS 到空間一直到最後的擺設。一個好的餐廳設計應該是全面的，從平面製作物到空間一直到最後的擺設，皆應該遵循 CIS 發展而來。

4. 參考案例：相似對手、相似產品或品牌定位，都可以當作設計的參考案例，如果沒有聘請設計師，不妨參考類似的設計，再加入自己的想法；若是與設計師溝通的時候，則應以完整的案例與想法來討論。

「Gathery 聚匯」強調與人在這個場所聚會，以中島及餐桌為空間的核心區域，將人與料理緊密串連，創造獨特的用餐體驗。

連鎖餐飲「開丼 燒肉 vs 丼飯」建立完整的 CIS 規範，展現品牌的一致性及標準化的專業形象。

｜營運面向｜

1. 餐飲類型：如餐廳、咖啡廳、連鎖餐廳、小吃店、甜點店等，每一業種都有其不同的邏輯與系統，設計之初就應仔細的規劃以符合其營運機能空間，更進一步則需要設計出獨特性。

2. 餐廳定位：菜色的種類與價位會影響到目標客群的定位，也會影響設計，如高價的餐廳與平價的小吃店就可能會有截然不同的設計，而中式餐廳與西餐廳強調的重點也完全不同。

3. 營運時間：大致上餐廳會有早上、中午跟晚上三個基本時段，以白天營業時間為主的餐廳，相對的注重採光，營業時間較晚則須注意燈光設計，如高級餐廳或酒吧。

4. 桌數與翻桌率：桌數的考量不只是要容納更多人，更要精算來客人數的比率，如 2 人桌、4 人桌是最容易帶客的，太多的大桌雖然可以容納更多人，但實際上翻桌率卻不見得好；此外，高腳桌、普通矮桌或沙發的比例也最好先跟設計師說明。

5. 廚具設備圖面與列表：廚具的配置通常有專業規劃的廠商，設計師不見得能夠了解所有餐飲型態及其所需的配置，小型餐飲店可以先自己簡單規劃，再交給設計師，但如果是較複雜的餐廳，就必須先請廚具設備廠商提供廚具所有圖面，再與設計師共同討論。

大多數初次裝潢的店家都會習慣性地以參考案例去拼湊出自己心目中的餐廳，甚至要求設計師依據這些想像來做，但其實過多的參與反而會讓設計師感到窒礙難行，因此應該以大方向來溝通，避免過多的干涉，同時要了解設計的流程，必定是從大到小、牽一髮動全身。此外，設計是具獨特性，為針對每個業主量身打造，但設計師不可能熟稔所有風格，既然選擇好了設計師，那在設計面就應該給予充足信任，讓其自由發揮。

設計戰略思考

1. 設計師可能是整間餐廳除了經營者之外，最了解餐廳面貌的人，務必要花時間讓設計師多方了解，勤加溝通。如果連設計師都不能明瞭經營者的理念，更難傳達給大眾。
2. 尋找設計師最簡單的方法，就是去尋找自己喜歡店家的設計師。
3. 尋找設計師時，可多找幾位，在聊天的過程中，能了解設計師對你的想法是否理解，對方是否對熟悉餐飲空間設計。

上圖為「舒康雞美式餐車」，不同的餐飲類型有其不同的營運機能規劃。

5-4 店鋪的基本工程

在預習這麼多創業與設計的概念與知識後，真正的問題往往發生在開始
之後，餐廳是一個 Team Work 團隊工作，為了能降低成本，早日讓夢想
的店面完工，本章將介紹進入工程面時需注意那些基本的細節。

簽約前確認：店面物件、設備評估、合約內容

找到適合地點的建物後，首先需要進行內部勘查，畢竟一但簽訂合約後就
會開始產生大筆費用，開店之後也不是說像平常租屋想搬遷就搬遷，所以
需要更加謹慎地確認。首先在外觀與設備方面，盡量挑選一樓店面，並且
確認在可視範圍內招牌位置是否夠清晰，此外店面實際面積與內部設備
的狀況，都需要請專家審閱，避免日後有問題難以解決，店面如果在百貨
公司的話，則有許多合約上條件面的問題需要處理，初創業者，可以考慮
找顧問或專家來評估。

另外，在簽署契約前一定要確認清楚了解合約內的每一條項目，如果有疑
慮的地方，最好請律師審查。再來一定要確認收支，在簽約之後就是產生
押金、保證金、首次房租費用等等，而這個店面也會決定你的基本營業額、
初期投資額、開業後的營運費用、借入總額等，將是日後每個月的固定開
銷，如果判斷錯誤，將會對日後的經營造成極大的問題，不可不慎。

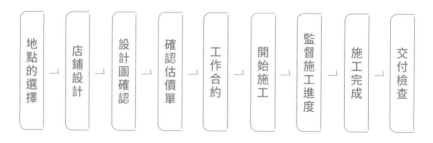

地點的選擇 → 店鋪設計 → 設計圖確認 → 確認估價單 → 工作合約 → 開始施工 → 監督施工進度 → 施工完成 → 交付檢查

施工基本時間流程圖。

店鋪工程的基本——裝潢就是資金消失的開始

一般而言,雖然室內設計很難在取得開店地點前先行規劃,但可以先找好喜歡的室內設計師,讓他先了解大方向。在找到點的同時,請設計師大約評估一下,設計師在已經有準備的情況下。也比較容易把握設計的大方向。

設計的時間則應餐廳的複雜度做調整,市區一般房東給的裝修期為 1～2 個月,一般設計師設計時間也需 1～2 個月之間,除非之前已經有開過類似的餐廳,不然這個時間很難縮短,縮短的代價就是品質或精緻度,必須要自己衡量,施工期一般也抓 1～2 個月左右,也因此**租金一定會有一些浪費,這一點是必須要考量的。**

麻煩但一定要了解的事:執照、法規

施工之前應該請設計師或建築師申請裝修許可,並確認原建物的使用狀況、相關法規或隱藏的消防與結構補強之類的問題。而在施工之前,營業用電與瓦斯、用水,電話等等是要屋主自行申請,可以先請水電師傅與廠商計算所需電量與瓦斯。申請後,再請水電或廚具設備廠商配合即可。

一、室內裝修審查

一般而言目前大型的室內裝修都需跟政府申請室內裝修許可, 雖然每個縣市的法令不同,但大致上的規範是相似的,例如在台北市,室內五層樓以上,或是五層樓以下但有有修改隔間或廁所的建築物,就需要申請裝修許可。裝修的許可以及審查,都可以請室內裝修公司或是合格的建築師幫你辦理,但須注要在規劃時必須注意一些不能更改的地方。此外這項費用最好在規劃之前就先了解,因為會牽扯到房屋消防與結構的問題,最好避免預算超出太多。

二、消防與結構補強

消防設施則是每個公共場所都應具備的設備,通常設計師或建築師,在室內裝修審查時,會幫你尋找合法的消防技師與結構技師來幫你規劃,只是許多剛開始開店的業者都會忽略了這一些的花費,最好事先了解比較好,畢竟咖啡廳與餐廳都是公共場所,公共場所的安全要求應該就是要比一般住家來的高,如果是在百貨開店,則百貨公司通常會有自己配合的建築師或消防技師,那就要將設計圖交與他們審查。

房屋租賃契約書　　註：行政院網站下載範本。

立契約書人：

出租人 ＿＿＿＿＿＿＿＿＿（以下簡稱甲方）

承租人 ＿＿＿＿＿＿＿＿＿（以下簡稱乙方）

因房屋租賃事件，訂立本契約條款如下：

第一條：房屋所在地及使用範圍：房屋坐落市路號第樓房屋全部。

第二條：租賃期間：自民國年月日起，至年月日止計年。

第三條：租金：

　　　　一、每月租金新台幣元，於每月日以前繳納。

　　　　二、保證金新台幣元，於本契約成立之日由乙方交予甲方，由甲方於租任期滿交還房屋時無息
　　　　　　返還。

第四條：使用租賃物之限制：

　　　　一、本房屋係供全家（或營業）之用。

　　　　二、未經甲方同意，乙方不得將房屋全部或一部轉租、出借、頂讓，或其他變相方法由他人使用
　　　　　　房屋。

　　　　三、乙方於租任期滿應即將房屋遷讓交還，不得向甲方請求遷移費或任何費用。

　　　　四、房屋不得供非法使用，或存放危險物品影響公共安全。

　　　　五、房屋有改裝設施之必要，乙方取得甲方之同意後得自行裝設，但不得損害原有建築，乙方於
　　　　　　交還房屋時並應負責回復原狀。

第五條：危險負擔：

　　　　乙方應以善良管理人之注意使用房屋，除因天災地變等不可抗力之情形外，因乙方之過失至房
　　　　屋毀損，應負損害賠償之責。房屋因自然之損壞有修繕必要時，由甲方負責修理。

第六條：違約處罰：

　　　　一、乙方違反約定方法使用房屋，或拖欠租金達兩期以上，經甲方催告限期繳納仍不支付時，不
　　　　　　待期限屆滿，甲方得終止租約。

　　　　二、乙方於終止契約或租任期滿不交還房屋，自終止租約或租任期滿之翌日起，每逾期一日，加
　　　　　　給出租人違約金新台幣元。

第七條：其他特約事項：

　　　　一、房屋之稅捐由甲方負擔，乙方水電費及營業必須繳納之捐稅自行負擔。

　　　　二、乙方遷出時，如遺留傢具雜物不搬者，視為放棄，應由甲方處理。

　　　　三、雙方保證人，與被保證人負連帶保證責任。

　　　　四、本契約租賃期限未滿，一方擬終止租約時，須得對方之同意。

第八條：應受強制執行之事項：

承租人違反租賃契約，積欠租金額，除將擔保金抵償外，達二個月以上時，出租人經定期催告終止租約，收回房屋，承租人如逾期應即遷讓，將租賃物回復原狀交還出租人，除給付積欠租金及賠償相當於租額之損害外，應自期滿或終止租約之翌日起，每逾期一日，加給出租人違約金新台幣元，並逕受強制執行。

出租人：
身分證字號：
地址：
電話：

承租人：
身分證字號：
地址：
電話：

承租人保證人：
身分證字號：
地址：
電話：

西元　　　年　　　月　　　日

設計戰略思考

1. 房屋租約是店面重要的文件，簽約年限、是否有裝修房租寬限期、合約解除是否須復原、是否有優先承租權、幾年內不能漲房租等，任合約定都須在合約中載明才有效。

2. 法規是開店時容易忽略的大事，按部就班花錢送審最實在，避免因小失大更划不來。

5-5 餐廳經營者如何發包

餐飲始終是以產品本身為主，餐廳的設計不應該追求一時的花俏，畢竟餐廳並不是流行的行業，都是需要很長的時間回本，硬體設備應以耐用為主，不要只是花在一時的表面裝潢。總體必須注意的原則是統合性，一切以簡約、清楚為原則。室內設計做得好，讓顧客因為好奇心而來 ，可以為你帶來許多第一次的生意，達到事半功倍的效果。

決定店面之後，為了節省時間，能越快進入裝潢階段，當然是越節省資金的運用，也建議能在找店面的同時就先想好要怎麼發包工程，以下是三種常見的方式，可以依照自身的需求做選擇。

一、自己設計與發包工程

小型的店家或個性小店通常有可能會自己設計，但由於政府的相關規定與環境衛生的法規越來越多，稍微複雜或坪數大的店，建議還是找專業的設計公司來設計。如果因為案子很小或是預算有限，建議至少要找平面設計師設計 CI 系統，找一些參考資料提供給專業的工程公司。小型的案件可能沒有施工圖，必須親自監工，依靠現場調整，建議是盡量簡單的裝修，把品質做到好，一般的施工工班並不了解設計美學，很難做出非常複雜又美觀的東西， 室內則可以利用家具與擺飾增豐富度，應該就可以有一定的水準了。

二、請設計師或專業工程團隊統包施工

請設計師監工與施工的風險比較小，但是也不能保證施工的過程絕對沒有問題，如果遇到設計上的問題應該與設計師討論，客製化的東西難免會在工地遇到一些狀況，但是有設計師的好處是，可以立即請設計師評估，再請工程方修改。設計師與統包都是專業顧問，這些都是開店時的共同伙伴，請接納他們的意見與忠告。

設 計 師 的 工 作 項 目	
委託設計	空間需求調查,設計方向與風格討論。
工地丈量	拍照,評估現場狀況。
設計概念	提出平面設計方案,裝修預算擬訂,提出風格概念參考資料,提出設計合約書。
設計委託	平面圖方案及設計概念溝通後簽訂設計合約並進行細部設計。
設計發展	設計圖面與Sketch Up 3D透視圖提案檢討與修改。 (若須商用打光3D彩圖,費用另計。)
設計圖集	設計定案後訂定設計施工圖冊,訂定色彩計畫、建材及設備表。(施工圖冊包含平面及立面細部設計,照明、空調、地坪等系統圖,以及相關設備列表,如衛浴、廚具及燈具......等)
訂定總工程細項列表。	
詳細解釋圖面。	

三、設計完成後自行工程統包

如有設計師,在設計完成之後,通常設計師會有自己的配合統包,但有時候也可以自己找熟識的工程公司比價,這一點最好在設計之初先溝通好,初次開店儘量不要自己發包,因為有些裝修統合的問題太過複雜,要整合木工、水電,並不是創業者最重要的事,許多創業者最後變成在做工程統包的工作,反而沒有時間去規劃更重要的營運與行銷面向。

發包戰略思考	1. 施工經驗豐富、有案例的廠商。 2. 提供精準的估價單。 3. 能夠了解創業者的理念。 4. 通常多比較 3 家,一方面可以多了解,另一方面可以透過比較來了解之間的差異,但如果追求空間品質的話,盡量設計與施工方都是同一包或是熟識的比較好。

5-6　監造有保障

一般人大多有購買設計產品的經驗，卻沒有購買高級訂製服務的經驗，例如：訂製服、訂製車等，也因此常常把購買商品的客戶服務要求投射到室內設計與工程之中。然而商業空間設計通常需在極短的時間內完成，現實物理環境的問題很多，例如有老舊、漏水，甚至在拆除工程之後也會有一些問題浮出。因此經營者最好對設計、發包、監造與施工的過程有基本的了解，並順利的與設計師配合。

工程之間：監造的重要性

監造通常是由設計師擔任，主要的功能並不是監督工程品質，施工單位需要照圖施作，也因此放樣的工作相當重要，但現況往往與圖面有所差異（尤其是拆除後），所以設計師在確認現場問題之後，必須提出適當的解決方案，同時避免施工單位施工錯誤。另外在施工過程中，業主很常會做設計修改，施工過程中切忌不要當下想到什麼做什麼，或依感覺行事，最後造成修修補補，邊做邊改的惡性循環，最後造成四不像的設計窘境。

而如何避免施工完成後與想像落差，可以事前靠溝通與監督來彌補，例如設計圖與施工圖，3D 透視，甚至材料樣板，然而實際的完成品還是會受到基地自然環境（光線、空間感）的影響，理論上來說，有經驗的設計師與監造人員，大致都能夠透過監造把握到施工圖與完工的差距。

監造與監工的不同	
監工	凡對施工項目負責監督與領導的俗稱，屬於裝修公司（營造廠），通常由統包或營造方工地管理人員負責，著重在施工品質。
監造	業主委外監督或自辦監督工程的單位，隨時確認現場與圖面之差距，因應各種現場問題與突發狀況，做出判斷或回報給業主或設計單位，常見之說法監督承造人按圖施工，重點在於設計與美觀。

「柚一鍋 a Pomelo's Hot Pot」以柚子出發的鍋物，延續上一家店「柚子 Pomelo's Home」的風格設定，再加入台灣傳統建材，呈現清新自然的氛圍。

設 計 師 的 監 造 工 作
樣本確認、驗收
廠商控管、問題的溝通聯絡、 工廠半成品檢查
工地控管、工地現場確認與設計符合 （約每周1～2次）。現場協調、設計修改
新物件設計、繪圖
家具與家飾的設計或挑選
協調廚具設備、廚具設計溝通
協調購買傢具、燈具、裝飾、貼紙、畫
完工結案，陪同工程驗收

工程收尾

裝潢工程最後最重要的是安全性的檢查，畢竟餐廳是公眾場合，有時候也會有小孩，因此，顧客會經常會碰觸到的地方，或是危險性比較高的區域都應該確實檢查一次，例如鐵件收邊是否會割手，地面的交界面是否有不預期的高低落差，再來則是使用性上的修正，例如客人座位的舒適度、送餐的流暢度、吧檯的機能配置，一直到廚房地板的止滑性等等。最後是視覺上小瑕疵的檢查，例如油漆的瑕疵，木作的細節等等，這些細節都處理完之後，才是真正的裝潢工程完成。

空調

空調設定好之後，應試過運轉並在試營運的時候確認空調負荷足夠，同時餐廳的空調狀況很複雜，因為在餐廳內有許多冷熱空氣交會的機會，例如廚房裡熱氣與冷氣的冷空氣交流，戶外與室內溫度差異，很容易造成結露或滴水的狀況，如果在營業後冷氣滴水到客人的座位區是很麻煩的事，因此在開店前，要確定每一個座位都沒有滴水的問題。

光源

在外觀上,一定要確定招牌夠明亮,同時如果有大面積玻璃的話,應注意是否有大量的反光發生,進入室內時入口處與走道一定要有適當照明,這也是安全性的考量,端點應有重點照明。室內則須確定所有桌面上都有光源,最好檢查在上菜後餐點的色澤,顧客入座後不應該有眩光的情況發生。

機能性

一般而言我們可以從外觀開始,最容易忽略的就是門口菜單的看板,這是一個給路過客人很方便的溝通媒介,可以請設計師特別設計,或是使用菜單也可以,此外稍微大型的餐廳,帶位台是必須的,在機能性上,帶位台須放置訂位表與菜單,方便外場人員接待顧客。

廁所指示標誌應該美觀,如果有 VI 系統,應依照 VI 的原則去發展,簡單的話可以去文具店購買,或請設計師訂做。營業時間與店家相關資訊是常常是最容易忘記的細節,可以用貼紙貼在玻璃上,或是用手寫在黑板上。

廁所用品

廁所的小細節必須注意,好的餐廳應該要有洗手乳或是一些親切的清潔用品,高等級的餐廳可以增加服務的細節, 一些香氛或裝飾、紓壓的小道具、畫作等等可以轉換心情。

植物

植物永遠都是對空間加分的物件,可以讓空間更有人性,室內設計在完工後都是一成不變的,但植物的顏色與生長的變化,會隨時間更替,可以讓顧客有一些新鮮活力的感覺,然而相對的,要能夠照顧好植物,則需要多花一些心力,一些短期性的鮮花也是可以替空間增加一些清爽的效果。

餐具擺設與平面製作物

餐桌上則必須注意餐具的協調性，桌面上的軟件，例如立牌、餐具籃或是衛生紙架的挑選與搭配都很重要。此外，例如菜單、宣傳單，是顧客接觸店家的第一線，資訊清楚並符合品牌形象是令顧客留下印象的關鍵。

裝飾品

在裝潢之前，一定要記得預留一些預算去購買一些裝飾品，有時候裝飾品不一定需要很花錢，例如牆上的裝飾品、畫、結帳櫃檯的小飾品，這些東西都可以增加熱鬧與人性的細節，一開始可以從自己的收藏或是朋友的禮物而來。唯一需注意的是不要過度裝飾反而會讓設計整體感下降。

室內設計其實有點像是工業設計中原型的階段，一個案子其實只是一個精心設計的原型。購買設計商品很單純，你買到的，就是你看到的樣品一樣，你甚至可以試用，亦或是可以退貨，不需要專業知識，因為在設計製造過程中已經將遇到的問題在原型階段修正了。

工 程 項 目	所花費的時間（天數）	工 程 項 目	所花費的時間（天數）
保護工程與拆除	2 ～ 5 天	水電、泥作	3 ～ 7 天
木作、水電	10 ～ 20 天	弱電與空調	3 ～ 5 天
五金玻璃工程	3 ～ 5 天	塗裝工程	4 ～ 8 天
地板及其它	3 ～ 5 天	清潔收尾	1 ～ 2 天

一般工程所需工時參考

STEP. 1 了解餐飲業現況：設計成為企業的助力
STEP. 2 理解餐廳的核心價值：回歸顧客體驗
STEP. 3 檢視商業模式：開什麼類型的餐廳？
STEP. 4 打造有記憶點的餐飲體驗：視覺／空間／營運
STEP. 5 從藍圖到實踐：找尋店面及裝修工程

Step.6

開店後的實戰：
營運設計

6-1　服務設計的重要性

餐飲業是服務業，客人來餐廳用餐除了享用美食之外，服務也是影響用餐體驗很重要的一環，基本錯誤是需要盡可能避免，譬如「進餐廳後無人帶位」、「餐點等候多時未出餐」等，都容易讓客人對餐廳的印象大打折扣，並隨著網路快速傳播，嚴重影響餐廳的評價！

隨著餐飲業的競爭激烈，高級餐廳只做好服務的 S.O.P 標準流程是不夠的，人性化及個人化的服務是這個時代餐飲業者必須思考的，從早期的台灣連鎖品牌「王品」到中國知名火鍋店「海底撈」，都是將服務做到極致的一種代表。了解顧客的需求後，把服務當成一個賣點，這也是現今餐飲業者需要思考的，如何讓服務變得更加彈性與人性化。

人性化的服務設計藍圖

當顧客進入餐廳，從服務生接待入座到離開餐廳，這一連串的過程都需要有完善的服務設計，甚至遇到突發狀況可即時的妥善處理，讓顧客擁有良好的餐飲體驗。高價的餐廳需加強服務人員的禮貌及專業知識；低價的餐廳也要在有限的人力內提供基本的服務，另外自動化系統的出現也提升服務的創新及品質，例如餐廳服務人員普遍使用耳麥或桌邊自助點餐系統等，都讓餐廳及顧客帶來更多便利。

餐廳種類	服務設計
低價位餐廳 速食餐廳	透過清晰明瞭的菜單與看板，方便顧客選擇餐點，不收服務費。
咖啡廳	店員會做基本的介紹，桌邊點餐的店家通常會收取服務費。
中價位餐廳	服務流程清楚明瞭，且有基本的酒水搭配及熟客名單的建立。
西餐廳 中餐廳	詳細的菜單介紹及搭配酒水，建立熟客名單及提供客製化服務。

建置三大類營運資訊系統

其實營運資訊系統是圍繞著顧客關係的管理與經營,從顧客訂位時就大致上可以獲得顧客的基本資訊,例如姓名、電話……等,而餐廳的服務架構已經有相當歷史了,過往的顧客關係維護通常都靠主管或現場服務人員的記憶及訓練。然而隨著科技的發達與創新,現今的餐廳已注入新的營運資訊系統,而這些系統都已與網際網路連結,甚至可結合廣告及行銷。但以台灣目前市場來說,尚未有一個完全整合的系統,除了集團型餐廳(例如鼎泰豐)的客製化系統之外,這個領域還在蓬勃的發展中,目前並沒有一個標準的解決方案。

一、POS 系統

POS 系統的全名為 Point of Sale,中文名為銷售時點信息系統,POS 系統能協助店家收銀、盤點、營業報表……等紀錄了顧客的每筆消費資料。基本上分為封閉式 POS 與開放式的 POS 系統,封閉式的 POS 系統存在已久,比較容易客製化,並方便連接**進銷存管理**註1,但通常硬體比較笨重,圖形界面也比較差;開放式的 POS 系統(例如 Ichef、Qlieer 等)因為主機在雲端,系統較難客製化,但通常比較輕薄,使用介面也比較人性。

運用系統串接顧客關係管理(CRM)

註 1:進銷存:進銷存是指企業管理過程中採購(進)入庫(存)銷售(銷)的動態管理過程。通過電腦統計系統可以知道本月及全年累計的銷售趨勢、現有存貨量及存貨的利潤比等,從而抓住銷售的重點,從計劃管理的角度組織銷售工作。

二、訂位系統

早期的訂位系統都靠人工，從基本的打電話訂位，到現今的 FB 網頁訂位、網站及 APP 訂位⋯等。目前市面上常看到的例如平台形式（網頁 APP）的 Eztable，介面方便顧客選擇，較適合連鎖餐飲使用；而 inline 訂位系統適合各種類型的餐廳，能透過篩選機制發放行銷簡訊給顧客，除了能夠維持與熟客的聯繫外，也能增加新客回流的頻率，且其圖形介面設計優良，兼具簡單的客戶管理系統，對店家來說使用起來比較友善。

三、營銷系統或會員系統

連鎖型店家比較喜歡透過營銷的方式，例如透過促銷活動去招攬陌生客戶，或是運用集點系統吸引老客戶來消費，例如 Ocard 及 Upserve 。一般來說中高價客層的特色餐廳或是座位數比較少的餐廳，就不適用這種方式，應該盡力提升餐點的品質與服務就足夠了。

針對工作人員服務持續進行教育訓練。

註 2：**客戶關係管理**（Customer Relationship Management，縮寫 CRM）是一種企業與現有客戶及潛在客戶之間關係互動的管理系統。通過對客戶資料的歷史積累和分析，CRM 可以增進企業與客戶之間的關係，從而最大化增加企業銷售收入和提高客戶留存。

如果將這三系統連結的起來，就可以建置一個完整的**客戶關係管理系統**註2，整合所有的顧客資料，而每次的消費記錄也可以納入大數據管理，分析使用者行為後，再透過會員系統發送針對該消費者可能需求的訊息或優惠券……等。

正式對外營業之前先試營運

當一切就緒，可以考慮開始試營運，建議邀請一些朋友來，請他們給予一些意見，也可以讓內外場人員熟悉營運的狀況，建議集中一個時段，模擬餐廳忙碌的時候，這樣才能真正測出可能會發生的問題，例如空調不夠冷，動線不夠順暢之類，可在這時及時改善。

當餐廳進入試營運階段、軟體操作也漸漸上軌道之後，就可以請攝影師對餐點或空間拍照，此時拍照會是最完整的時刻，並可以進入開幕與行銷的階段。現在簡單行銷方式除了開店優惠之外，最好要透過網路或媒體傳播，期望在新開店時期就能有一定的客源。

試營運之後，仍要不間斷的進行訓練

新開店期間的料理品質，往往是決定整間店是否能繼續存活的關鍵，因此絕對無法用還不熟稔就能敷衍過關，不同於接待不夠周到而可能被諒解，這個期間來的客人只要覺得「不好吃」，就為餐廳定下生死，因此廚房料理的製作在開店前要反覆不斷練習再練習，期許在開店後，無論忙碌或是清閒時都能維持一定水準才行。

當試營運未達到預期，需要開內部會議討論並尋求解決辦法，客觀分析原因之後，將問題點出，也可請專業顧問評估，點出問題所在。當理出問題之後，需要從最顯著的部分著手，制定短期及長期修正計畫，一步一步去修正。

設計戰略思考	1. 在數位化時代，將顧客從訂位到點餐的資訊，利用系統有效紀錄，是作為了解顧客行為及營銷手法重要的參考依據。
	2. 餐飲 S.O.P. 需要人性化的實踐方式，並需根據餐廳的定位，不斷的進行內部優化及教育訓練。
	3. 「試營運」最好是先邀請能夠給予建議回饋的親朋好友前來協助，貿然對外若是有負面意見產生，可能導致還沒正式開幕就在網路留下負評。

6-2   開店後的營運成本

餐廳的商業模式及營運形態相當獨特，首先，餐廳一定是廠店合一，餐點一定是現做，外送也不可能送太長距離，第二是顧客的口味的延續性與在地化，因此無法被大型企業或跨國企業壟斷，營運上軌道的餐廳有非常好的現金流，沒有款項拖欠的問題，餐廳剛開幕時 如果規劃得宜也可能造成熱潮，但相對的穩定以後，營收成長變化也比較緩慢。

餐飲業的營運成本架構

一般而言，餐廳的成本能夠大致區分為直接成本以及間接成本，直接成本即是餐廳食物的材料費用，除了材料費用之外的其他成本支出則是間接成本，包含房租、人事費、水電費、消耗品費以及裝修設備的折舊準備金…等雜支，各種類型的餐廳各有不同的經營方式，以下圖表為營運正常的餐廳，各成本的結構比例：以營業額為 100%，扣除直接成本（30%）後，再扣除各項間接成本（共計 50%），所剩餘的 20% 即是淨利。另外也要注意人事費用與食材費用的配比，通常人事、材料以及店租成本的總和不得超過整體營收的 70 %。

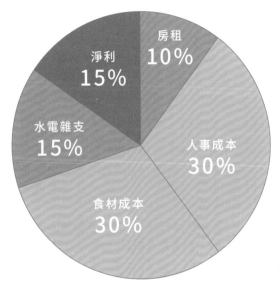

理想的餐廳成本概估

人事成本──人才為經營者的核心資源

餐飲業歸於服務業，絕對是個勞力密集的產業，店內一切有形無形的商品，包含餐點、服務……等，都是透過全體員工一同創造出來，因此團隊是餐飲業最核心的資源。所以培養良好的雇主關係，降低人員的流動率來減少相關的人員訓練及時間成本，並提高員工的工作意願及生產力，這絕對值得餐廳經營者需要花心力來規劃經營，另外除了合宜的福利及良好的溝通管道之外，更要有明確升遷或加薪制度，使員工有進步的動力。例如連鎖餐飲業者相對的必須擁有健全的人力資源規劃，除了要有內外場人員之外，還要有品牌經理、廚藝顧問、自媒體小編……等人才；越注重整體體驗的中高價餐廳，人事費用相對的佔比就會比較高。

餐廳就是一家微型企業，提供的產品與服務是由全體員工一起創造出來帶給消費者的體驗，因此人才是一家餐廳永續經營的關鍵之一。

房租費用──是每月固定支出的關鍵

人潮眾多的黃金商圈的店租通常高於一般地點，而店面租金占總成本的 6% 跟 18 % 差異就非常大。隨著商場與百貨店的競爭，知名的大型百貨公司租金都非常昂貴，但也是人流的保證，所以想進駐百貨商場的餐飲品牌，需要評估租金並衡量商場帶給品牌的效益，是否夠擴散品牌的知名度。

好的翻桌率及菜單設計

營運成功的餐廳來自於好的翻桌率，以及良好的菜單設計，有時候餐點受顧客喜歡也不一定就能讓餐廳賺錢，其中隱藏的因素有可能在於經營者缺乏成本觀念，例如過高的人事成本，或是食材成本控管不佳……等問題。餐廳每月營業額的公式可以透過以下公式來檢討：

客單價 × 來客數（座位數 × 0.8 × 輪數 × 每月開店天數）= 每月營業額

每個月至少賺一成，成本這樣分配

開店之後，如何運轉才是真正考驗經營能力，在擬訂計畫表時，淨利至少需為營業額的一成，主要分成每個月會更動的浮動成本與不會改變的固定成本兩個部分，以下表格可供開業後的資金運用分配的參考。

最終的營運思考

不同業態的餐廳有不同的營運方式，現今也有許多創新的餐飲型態，例如店內沒有座位站著吃的「立吞」，就不需要太多的服務人員，減少人事成本的開銷；飲料店或麵包店，因為不用佔用實體空間的位置，再加上製作方式，如果可以系統化，就可以創造出很高的營業額。建在思考餐廳的營運方式之後，評估開店後的成本比重問題，可減少不必要的花費。

設計戰略思考	1. 菜單設計關係著成本及獲利，並不是受顧客喜愛就可以賺錢。
	2. 人力佔餐飲業很大的成本，同時也是重要的資產。
	3. 房租是開店初期未達獲利前能撐多久的關鍵，一定要謹慎評估避免過於樂觀預期。

開店後的成本結構佔比

浮動成本	食材	料理成本	20-30%以下
		飲料成本	
	人事費	員工人事費	共30%
		兼職人員費	
		通勤交通費	
		獎金	
		退休金	
		勞工保險	
		健康保險	
		徵才費	
	雜支	水電瓦斯　電費	5%以下
		水電瓦斯　瓦斯費	
		水電瓦斯　水費	
		促銷費　廣告宣傳費	3%以下
		促銷費　促銷費	
		其他　消耗品費	7%以下
		其他　事務用品費	
		其他　修繕費	
		其他　通訊費	
		其他　權利金	
固定成本	店租	店租、公共費用	10%以下
	初始條件	折舊費	10%以下
		利息	
		租借費	
		其餘人事費	

6-3 餐飲品牌行銷

在這個資訊爆炸的時代，餐廳的行銷方式眾多，包含廣播、電視廣告、雜誌或電子媒體等，但宣傳管道分散的情況也常使得效益不佳。餐飲業通常在推出新產品、新品牌或促銷活動時需要行銷，一般來說電視報導的行銷效果最快，而雜誌則需要一些時間發酵；另外受到網紅經濟的崛起，網路名人及部落客的號召力也是不容小覷。無論是何種行銷方式，應當評估品牌自身的定位，並擬定合適的行銷手法來吸引目標族群，更重要的應避免一次性的爆紅，造成店面運作的災難。

餐飲業常見的行銷方式

過去營運銷售大多透過打折、宣傳的方式來吸引顧客，但現今消費者不只有追求高性價比，還會關注網路評價、成本透明度，更注重價格之外的消費體驗，而消費者也有更多管道去評比及性價分析，像是論壇、部落格或PTT……等，這也表示業者如果單用一種行銷手法會稍嫌薄弱，需要廣泛思考各種行銷模式來提高曝光度。

一般來說，低價位的餐廳會通常會利用優惠券或傳單來吸引顧客；高價位餐廳則是利用內容行銷，例如新菜色的發表、參與社會公益或宣揚飲食文化及理念……等，讓消費者成為品牌的忠實擁護者。未來餐飲業也會朝內容行銷發展，透過行銷準確傳達品牌故事及核心價值，並設身處地的替客戶著想，給予顧客最真實的需求。至於餐廳業者該使用那些行銷策略？以下為幾種行銷方式說明：

一、傳統媒體宣傳

傳統媒體包含電視、報紙、雜誌等，早期以電視廣告為大宗，因為需投入較高的廣告資金，通常是具有一定規模或國際的餐飲品牌才有辦法在電視上曝光。網路資訊的快速傳播進而挑戰傳統媒體，市場的縮小使得宣傳效益不高，所以這些傳統的媒體也開始經營網路平台，像是《GQ Taiwan》提供業者多元化的整合行銷專案，除了有計畫性的曝光在雜誌或各網站平台，還可策畫各式活動直接面對消費者。傳統媒體有專業的人員及運作流程，所以被報導的餐廳都具有一定的實力，產出的內容相對豐富且價值高。

1. 捷運燈箱廣告，用有趣的概念，增加活動曝光度。

2. 「貓下去敦北俱樂部與俱樂部男孩沙龍」參與 GQ 城市野營嘉年華活動，提供有趣的菜單及周邊商品，打造戶外用餐的新體驗。

二、社群行銷

網路時代的來臨，也帶來社群行銷的興起，各式的部落客、Youtuber、KOL 註1 透過文章或影音等方式介紹店家，提供網友更多餐飲資訊。餐飲業者可評估自身品牌定位，再挑選合適的合作對象，為品牌打造口碑。舉例來說，高單價的餐廳可用 KOL 行銷，並經常與各行業的意見領袖切磋交流，甚至可邀請試菜，聆聽更多專業意見及想法。

三、自媒體行銷

餐飲業者可以自行管理自媒體，運用各網路社群平台宣傳，例如 FB 及 Instagram 等，除了定期寫文章更新內容之外，也可透過活動與消費者有更多互動。目前也有企畫公司可協助策畫，透過專業團隊及策略分析帶來更大的效益。人手一機的情況，也讓手機媒體傳播力大幅成長，手機媒體可快速觸及潛在客戶，餐飲業者可以定期發布優惠信息或新菜發表，甚至可連結訂位系統，將效益最大化。

在這個餐飲業的戰國時代，業者除了持續推出新菜單之外，還得在消費流程中盡可能滿足顧客需求，帶來更好的餐飲體驗。當一切準備就緒，當一切準備就緒，「行銷」的功能就是增加品牌的曝光度及影響力，透過完善且與時俱進的行銷策略，將餐廳的核心價值傳達給顧客。

註 1：關鍵意見領袖、關鍵輿論領袖（英語：Key Opinion Leader，簡稱 KOL），與明星代言人相比，意見領袖與受眾的互動更多，他們會以較中立的身份介紹新產品。因此，意見領袖與廠商之間的合作便日益繁重，因此在一定程度上顛覆了原來的市場學生態。意見領袖的概念在傳統社會中已有體現，並在社交網絡中大行其道，已經成為行之有效的新型推銷方式。

「貓下去敦北俱樂部與俱樂部男孩沙龍」用心經營自媒體，包含 Facebook、Instagram 及網站，定期上傳最新菜單及企劃，拉近與顧客的距離。

設計戰略思考

1. 找出餐廳目標消費族群的 KOL，藉由他們的社群擴散力量觸及目標消費者。
2. 現在找餐廳幾乎都查找網路、看評價，因此在虛擬世界的聲量與自媒體經營，在這個時代對餐飲業來說更形重要。

6-4 　外送與外賣餐點的時代思考

外送服務的由來已久，早期都是為了延伸顧客的服務而做，也有少數餐廳的營運模式是特別針對外送服務，如 Pizza Hut 以及現在很流行的外送健康餐盒等。現今拜網路科技所賜，創造了許多新的共享經濟模式，再加上大眾對於外送餐點的需求日益增加，隨時隨地都可以點餐的外送平台已經蔚為風行。在市場相對較大的國家，例如中國，就連知名火鍋《海底撈》也能做到外送，進入外送服務平台對於餐飲品牌來說也是一種品牌推廣及曝光。

餐飲業者使用外送服務的理由

一般來說，餐廳通常要達到一定數量才外送，這樣外送費用才會合理的分擔到餐點上，然而多數的外送平台都希望吸引大量的消費者，因此向服務店家抽成為主要獲利管道，向顧客收取的外送費用都很低，常造成餐廳外送的獲利不高，通常餐廳與外送平台合作的好處，並不在於獲取大量利潤，而會是以下幾點：

一、 熟客的服務延伸

以中高價餐廳來說，外帶或是外送的族群通常都是曾經來過店裡消費的顧客，有時也因為店裡座位有限，大多數的餐廳會提供外送，希望能夠服務忠實的客戶。

二、為達成行銷目的

透過外送平台上獲取的廣告效益，吸引潛在客源讓訂單量提高，也增加品牌曝光機會。也可透過平台的消費者數據，了解消費者的喜好，進而調整產品內容。

三、消化閒置產能

如果餐廳的用餐顛峰期都集中於某個時段，那麼可透過外送，服務較為廣泛的區域，並消化過多的人力資源。

店家如何挑選外送平台

外送餐點對消費者或餐廳來說,已經是很常見又便利的一種模式,而店家在選擇合作的外送平台時,可以考量平台是否在餐廳開業地區有一定的客群,並比較各外送平台的抽成比例。現今外送發展出兩種模式,一種是運費內涵的食外送平台,例如 「Foodpanda」、「Uber Eats」;另一種則是接近傳統的外送的邏輯,也就是餐費再加上運費,有比較多元的運送方式的平台,例如或 「Cutaway 卡個位」、「Lalamove」……等。

而店家實際與外送平台合作後,很可能外帶量雖有顯著的上升,顧客回訪機率也增加,但抽成比例還是容易讓業者喘不過氣。另外,店家也需要注意在高抽成比例下,外送平台上獲取的廣告效益已經達到最大化了,訂單數仍未達預期水平就需要停止續約,或再另外找尋是否有能帶來更多宣傳效果且抽成比例更低的平台合作。

餐廳種類	外送服務的思考
專攻外送服務的餐廳	可與外送平台合作,訂單量大可發展自己的外送模式。
低價位餐廳	利用閒置產能,適合作業流程比較短的業態。
中價位餐廳	外送可消化閒置產能或提供延伸服務。
高價位餐廳	延伸服務為主,熟客為主要服務客群 。

因應不同種類餐廳,店家有不同的外送思考邏輯。

與外送平台的合作模式

因生活忙碌及外食風氣盛行,近年來外送平台在台灣盛行,外送平台內各式的餐廳及料理符合不同的族群,用戶群不只局限學生和上班族,不少的家庭主婦都也開始利用外送來解決一家人的三餐,同時省下出門買食材的時間。而餐飲業者透過與外送平台合作,獲得更多顧客的喜好及回饋,例如將產品的熱賣款項搭配成套餐組合,貼近顧客的需求讓顧客更容易下單。然而現今外送服務的模式還尚未到達一個穩定的商業型態,市場也仍在高速成長之中,必須仔細思考適合自己店家的外送模式,才可達到預計的效應。

6-5　　餐飲連鎖的展店策略

當一家餐廳成功之後，許多店家會開始考慮是否需要展店，但如何成功地複製、擴張規模，這時就必須建立完善的制度，包含營運流程、人事訓練、服務流程及財務規劃……等。我們可以看到王品及鼎泰豐等台灣大型餐飲集團，企業規模已經到達一定水平，具有充沛的資源及資金去擴張企業體系，然而並不是所有餐飲品牌都有能力以及適合朝連鎖加盟發展，建議企業明確的站穩腳步之後，再開始規劃展店策略，以下是給有展店規劃的店家一些建議。

選擇直營或是加盟模式

餐飲業者在營運上軌道之後就可以開始考慮展店，如果不急於開店的話，可以先從直營店開始，親自做好管理並慢慢發展；如果已經建立好標準化的作業流程，但本身資金較不足或是期望快速展店，則可以尋找投資者或選擇加盟店的模式，例如台灣大多的連鎖飲料店，因為製作流程簡單，產品標準化容易，最適合採用加盟體系，但開店管理與客戶服務還是需要總部的支援。

標準化的產品與服務才能連鎖化

餐飲業是一個人力密集且少自動化的產業，而展店的第一個關鍵就是標準化，一個很難建立標準化（SOP）的餐廳，並不適合發展連鎖店。因為一旦品牌店數增加時，管理就會變成很複雜，例如傳統的中菜餐廳，因為菜色多樣且複雜，所以廚房的人力需求及技術性要求高，要變成連鎖化難度高，較不適合發展成加盟體系。

「石研室」一開始就是加盟取向，因此包含 SOP、中央廚房、製作流程等，在最初期就力求簡化，確保在各種情況下都能維持固定品質。

連鎖餐飲品牌的展店流程

餐飲業是一個人力密集且少自動化的產業，而展店的第一個關鍵就是標準化，一個很難建立標準化（SOP）的餐廳，並不適合發展連鎖店。因為一旦品牌店數增加時，管理就會變成很複雜，例如傳統的中菜餐廳，因為菜色多樣且複雜，所以廚房的人力需求及技術性要求高，要變成連鎖化難度高，較不適合發展成加盟體系。

連鎖餐飲的展店流程圖

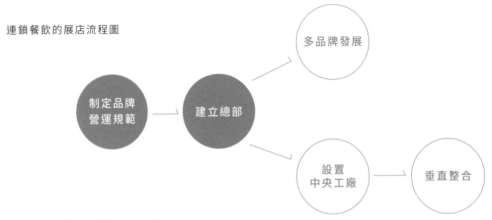

一、制定品牌與營運規範

國際上著名的連鎖品牌，都會有很完整的品牌手冊當作企業的規範，但多數的餐飲品牌在開店之初，因時程緊湊或缺乏品牌的觀念，較少會做好完整的品牌規範，但當餐廳規模或店數增加時，就必須有健全的準備，包含建立好品牌規範、裝潢、營運與服務手冊……等，方便企業內外的溝通。

二、建立總部團隊

如果要有效率且長遠的展店，那麼組建開店團隊是必要的，包含財務、營運等部門，更重要的是擁有企劃以及工程團隊也是協助展店的必要夥伴。但是總部團隊沒有盈利的能力，建議業者在一定規模（3～5家店）之後才需要建立團隊，因此最初的發展還是要靠老闆與核心員工規劃。

三、設置中央工廠

設置中央工廠在初期會花費一大筆資金及資源，另外還需注意管理、法條及物流等相關問題，

所以業者應該先評估自己餐廳的規模及營運現況，再進一步考量是否需設置中央工廠。企業擁有中央工廠可以穩定的處理前置作業，並且達到高度衛生以及高效率的運作，但並不是每一個餐飲品牌都需要建置中央工廠，講究現點現做或是做工精細的餐點，還是以現場製作的品質比較好。

四、評估多品牌發展或垂直整合

當店數越來越多時，也就是連鎖餐飲真正綜效發揮，除了標準化作業流程可以降低人力之外，集體採購的價格可以將原物料降低，但當店數過於密集時，尤其是市場過小時，同一區域無法開太多重複性質過高的，就必須發展多品牌創造差異化。另外，不想往多品牌發展的企業，也可以試著發展上下游產業，做原物料供應端的垂直整合，或往國外展店發展，甚至引進國外品牌也可帶來許多話題性與可能性。

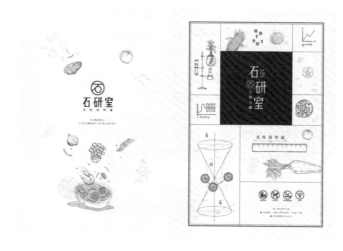

「石研室」擁有完整的視覺識別系統，包含招牌、菜單、店卡……等多項製作物皆有規範，以維持品牌的一致調性。

即便是連鎖企業，也不應該違背品牌建立的初衷，餐飲業是一個非常人性化的產業，最初是由人才建立起系統，但系統建置完全時，品牌很容易流於呆板且失去變化及創新性，很容易造成組織僵化，導致內部人才的流失，最終造成產品沒有進步，而被對手超越。

設計戰略思考	1. 完整的品牌建置規範與 S.O.P.，是餐飲品牌連鎖前一定要完成的浩大工程。 2. 選擇直營或加盟，是兩種不同的發展模式，若要採取加盟，總部的建置則是關鍵。

Column 社群媒體影響之下，
餐廳設計不可錯過的關鍵

社群媒體的快速發展讓餐飲文化融入每個人的生活中，透過網路媒體的傳播，例如 Facebook、Instagram、部落格……等，讓我們知道更多好吃以及更多熱門的餐廳。打開網紅頁面，現在不只是食物入鏡，餐廳的小角落或任何細節都可以變成拍照的元素，這些內容對於店家來說無疑是最好的廣告，讓這些具有影響力的媒體或顧客在餐廳裡留下最好的回憶，餐廳的設計變得相當重要！

以下是我歸納出網路時代餐廳設計更需要考慮的幾個面向：

一、多層次的體驗

設計餐廳時不應該只有考慮到廚房與座位區，例如高級西餐廳的開放式廚房及牛排店的熟成冰箱……等，都能讓顧客感染更多餐廳的文化，以及更多層次的餐飲體驗。近幾年來出現的複合店型或旗艦店型，除了提供餐飲之外還延伸發展其它相關事業，例如加入小型的販賣區或選物區，不僅塑造出與其他店家的差異化，也提供顧客更完整的體驗及服務。

「柚一鍋 a Pomelo's Hot Pot」顧客除了來餐廳享用各式鍋物料理外，還提供柚子相關食品讓消費者選購。

二、接觸性的亮點

用餐前先拍照再傳到 Facebook、Instagram 是多數現代人吃飯前必備的工作，不只是食物，連餐廳本身的裝潢都會被拍進去，因此不管是色彩繽紛的地磚、霓虹燈飾，或是店主的收藏品都可作為拍照的元素，所以設計師在打造整體餐飲體驗時，可以考慮增加一些與餐飲本身相關以及具特色的亮點，例如入口處可以營造顧客的拍照區，或是在餐廳內設計一些有趣小角落，讓顧客在用餐時還可以到處逛逛。

「永心鳳茶」與「貓下去敦北俱樂部與俱樂部男孩沙龍」於新光三越南西館所主辦之百貨打烊後的聯名快閃派對。以 90 年代作為派對的主題，空間運用許多霓虹燈元素，瞬間置身復古且奇幻的氛圍，吸引顧客拍照打卡。

三、自然採光與植物的重要性

流行的咖啡廳、早午餐店是許多女性或男女約會的好處去，所以在空間設計上要盡量滿足女性客群喜歡拍照的需求。時下流行的平面拍照法（Flat Lay），以白色或是乾淨素雅的平面作為背景，例如白色或大理石的桌面，再依照自己的喜好擺放物品，最後從俯視的角度進行拍攝，雖然看似簡單，但掌握採光卻是關鍵的要領之一。

而優良的採光再加上綠色植栽妝點空間，絕對是不敗的空間搭配，同時餐廳伴隨著產地到餐桌的風潮不斷延燒，越來越多餐廳在店內種植可食植物，植物就像解毒劑一樣，不僅讓空間更美，也讓人神清氣爽。

打造完整體驗，成為顧客心中經典的餐廳

隨著餐飲業競爭愈加激烈，行銷的方式也越來越多，現在的顧客容易因為餐廳的設計新奇有趣而來，這樣的情況容易導致顧客下次不會再次光顧，因此有它的隱憂存在。一家新開的餐廳應該是要靠本身的實力去吸引顧客，讓消費者在第一次體驗之後，喜歡上店家的餐點、空間氛圍甚至是服務，所以餐廳應該避免變成一次性的打卡店，而是要變成顧客每隔一段時間就要造訪的打卡點，以及會想經常光顧的店家，到最終成為一家台灣經典的餐廳。

→ 「ivette café」從產品、空間到服務，打造完整的澳洲餐飲文化體驗。

台灣餐飲品牌
未來的危機與轉機

過去，人生擁有房產、名車可能是成就的象徵，但隨著社會的進步，現代人對於生活價值改變，大家發現人生最終追求的其實是美好的體驗，尤其落實在飲食與旅遊之上，人生的重要時刻例如慶功、生日或結婚紀念日常會選擇在餐廳或旅遊中度過，最真切的感受實際環境氛圍，這些是無法透過網路或電子設備來滿足的。餐飲是消費市場裡唯一需要現場體驗且有廠店合一的型態，無論社會如何發展，短時間內我們心靈依然無法脫離身體，人們在舒適的環境裡享受美食，透過五感接收到完整體驗。

未來餐飲體驗人性化與科學化

餐飲的體驗如此重要，也促成了這個產業的蓬勃發展，無數的創新也加速了這個產業的發展，例如蒸烤箱的高度普及化，加速了餐點製作的效率；水冷補風系統的設置，讓廚師能夠在涼爽舒適的環境下工作；衛生流程的標準化，也讓我們吃的更安心；而自動炒菜機的進步，未來可節省更多人力成本。現今外場人員可以透過訂位與 POS 系統整合，建立專業的顧客關係管理系統，餐廳可以幫客戶預約節日或客製化餐點，甚至可以透過外送服務送餐到每個熟客的家中，提供更人性化的服務，餐廳的科技化應用最終還是回歸到人的需求，也就是用飲食照顧人的生活。

餐飲品牌的體驗升級之路

回到台灣當代餐飲的脈絡中，台灣餐飲融合了中國菜系以及來自世界各地的創新料理特色，夜市小吃與特色主題餐廳也成為觀光亮點，再加上連鎖餐廳的蓬勃發展，過去十年可以說是台灣餐飲業快速發展的年代，而台灣著名的餐飲集團「鼎泰豐」以及連鎖飲料店，例如 Coco 及一芳……等，皆受到外國人的喜愛並在全球展店，台灣即便市場狹小，卻是孵化餐飲品牌的絕佳基地。

近幾年來亞洲的餐飲產業也各自發展出自己的特色，例如日本的連鎖餐飲，將紮實的職人精神結合了自動化設備；而泰國在精緻餐飲的多項斬獲，以及中國連鎖餐飲的快速擴張…等。都顯示出亞洲餐飲的崛起。反觀我們引以為傲的台灣小吃與中菜常常因為標準化不足以及人力短缺，即便餐點穩定卻缺乏系統化的整合與創新，中餐注重火侯、廚藝功夫、遵循古法及秘方不外傳……等特色反而帶來更多限制，反而不及西餐的科學化及流程化，也導致進幾年來被外來的餐飲品牌所取代。此外，消費的升級也伴隨著體驗的升級，像是日本連鎖品牌的拉麵一碗可以賣到 3 百或 4 百元、星巴克的咖啡一杯 1 百多元，都是大家可以接受的價位，但一碗牛肉麵或排骨飯，卻很難賣上兩百元，這樣的情況除了是品質缺乏標準化與設備效益的差異之外，不外乎就是在品牌與體驗設計上的匱乏。

體驗設計的最終整合

過去，餐飲業大部分是將產品研發好之後才開始尋找設計，甚至自己裝潢而導致缺乏系統化，最終品牌拼拼湊湊。品牌與行銷方面餐飲業只能找到從事零售業或製造業的營運專家、行銷專家，但在這幾年餐飲業競爭，早已與過去環境差別甚遠，採購邏輯、廣告行銷手法、產業顧問……等專家，早已無法解決這個時代的餐飲課題。

未來，餐旅的品牌設計與空間設計，絕對會是一個獨立的類別，但需要高強度的垂直整合，就如同醫師的專業一樣，一個醫生不可能同時理解內科、骨科、牙科等，需要專業的垂直與橫向整合，餐飲的品牌與空間設計也是一樣，我相信未來在早期的餐飲創業的過程，品牌設計、空間設計與營運設計就需要被一同整合討論，甚至大型的連鎖餐廳，會需要專業的平面與空間設計師加入。未來的餐飲品牌與設計團隊，也都必須了解全球飲食文化、設計風向，並將更多人性與文化的思考放在餐飲空間的設計裡面。這是一個多面向，關於體驗的全新產業，身為設計師的我們正扮演著舉足輕重的角色，而不論是身處企業之中，或正準備開店的你，或許也可以將這樣的思考放入開店計畫之中。

餐飲開店。體驗設計學：
首席餐飲設計顧問親授品牌創建與系統化開店戰略

作　　者｜鄭家皓
文字編輯｜蔡青樺
責任編輯｜楊宜倩
美術設計｜瑜悅設計
內頁編排｜莊佳芳
版權專員｜吳怡萱
個案攝影｜WYS PHOTOGRAPHY
照片提供｜Five Metal Shop、Gathery 聚匯、inline、ivette café、MD PURSUIT 樸敘空間創意有限公司、石研室石頭火鍋、柏克金
　　　　　餐酒集團、開丼 燒肉 vs 丼飯、集品不銹鋼有限公司、瑜悅設計、貓下去敦北俱樂部 & 俱樂部男孩沙龍、虎茶不馬虎

發 行 人｜何飛鵬
總 經 理｜李淑霞
社　　長｜林孟葦
總 編 輯｜張麗寶
副總編輯｜楊宜倩
叢書主編｜許嘉芬

出　　版｜城邦文化事業股份有限公司 麥浩斯出版
E-mail｜cs@myhomelife.com.tw
地　　址｜104 台北市中山區民生東路二段 141 號 8 樓
電　　話｜02-2500-7578

發　　行｜英屬蓋曼群島商家庭傳媒股份有限公司城邦分公司
地　　址｜104 台北市民生東路二段 141 號 2 樓
讀者服務專線｜0800-020-299（週一至週五上午 09:30 ～ 12:00；下午 13:30 ～ 17:00）
讀者服務傳真｜02-2517-0999
讀者服務信箱｜cs@cite.com.tw
劃撥帳號｜1983-3516
劃撥戶名｜英屬蓋曼群島商家庭傳媒股份有限公司城邦分公司

總 經 銷｜聯合發行股份有限公司
地　　址｜新北市新店區寶橋路 235 巷 6 弄 6 號 2 樓
電　　話｜02-2917-8022
傳　　真｜02-2915-6275

香港發行 城邦（香港）出版集團有限公司
地　　址｜香港灣仔駱克道 193 號東超商業中心 1 樓
電　　話｜852-2508-6231
傳　　真｜852-2578-9337

新馬發行城邦（馬新）出版集團 Cite(M) Sdn.Bhd.
地　　址｜41, Jalan Radin Anum, Bandar Baru Sri Petaling,
　　　　　57000 Kuala Lumpur, Malaysia
電　　話｜603-9056-3833
傳　　真｜603-9057-6622

製版印刷 凱林彩印有限公司　　定價　新台幣 520 元
2019 年 10 月初版一刷 · 2022 年 4 月初版 3 刷 · Printed in Taiwan

國家圖書館出版品預行編目 (CIP) 資料

餐飲開店。體驗設計學：首席餐飲設計顧問親授
品牌創建與系統化開店戰略 / 鄭家皓著. -- 初版. --
臺北市：麥浩斯出版：家庭傳媒城邦分公司發行，
2019.10
　面；　公分
ISBN 978-986-408-533-0(平裝)

1. 餐飲業管理 2. 品牌

483.8　　　　　　　　　　　　108014196